周虹 赵张慧茹 等 编著

藏器于身
——成为家庭心理师

图书在版编目（CIP）数据

藏器于身：成为家庭心理师 / 周虹等编著. -- 北京：气象出版社，2021.12
ISBN 978-7-5029-7621-7

Ⅰ. ①藏… Ⅱ. ①周… Ⅲ. ①女性－成功心理－通俗读物 Ⅳ. ①B848.4-49

中国版本图书馆CIP数据核字(2021)第243914号

藏器于身——成为家庭心理师
Cang Qi yu Shen——Chengwei Jiating Xinlishi

出版发行：气象出版社
地　　址：北京市海淀区中关村南大街46号　　邮政编码：100081
电　　话：010-68407112（总编室）　010-68408042（发行部）
网　　址：http://www.qxcbs.com　　E-mail：qxcbs@cma.gov.cn
责任编辑：殷　淼　　　　　　　　　　　终　　审：吴晓鹏
责任校对：张硕杰　　　　　　　　　　　责任技编：赵相宁
封面设计：符　赋
印　　刷：北京地大彩印有限公司
开　　本：710mm×1000mm　1/16　　　　印　　张：19
字　　数：306千字
版　　次：2021年12月第1版　　　　　　印　　次：2021年12月第1次印刷
定　　价：75.00元

本书如存在文字不清、漏印以及缺页、倒页、脱页等，请与本社发行部联系调换。

编委会

主　　编： 周　虹

副 主 编： 赵张慧茹

编委成员： 崀　丽　　郑　华　　陈俊阁　　单杨春丽　　赵明丽

刘大钊　　彭金梅　　李祝炜　　葛香菊　　　肖广英

周冬梅　　武晓蕾　　贾建敏　　张　玉　　　张松娴

郭桂红　　肖　玲　　赵丽芬　　宋玉香　　　杨玉玲

雷欣蔚　　兑艳霞　　冯　梅　　魏馨黛　　　吴晓鸽

刘国惠　　张文慧　　暖　暖　　王晓雪　　　刘岳筱

王小娟　　郭冬梅　　李利芳　　申红阳　　　杨阿瑰

徐　瑞　　赵　馨　　付　华

序言一
Preface

今天是2021年7月27日，周二，郑州遭遇特大暴雨一周。

虹汇十几部著作的大部分作者都是郑州百姓，我们没有想到《藏器于身——成为家庭心理师》这本书的四十三篇书稿，皆是在疯长着悲壮之情的泪水中创作、修改完成的。

郑州，不是一般的存在，五千年华夏文明看郑州，郑州居中国之中，是中华文明开始的地方，中国的名称得名于此。

书名是前几个月就拟定了的，当时，很多人包括作者们都对这个书名颇感费解。然而，郑州无数无名勇士在特大水灾发生的几个小时内，身体力行向全国乃至全世界诠释何为"藏器于身"！

"藏器于身"出自《周易·系辞（下）》："君子藏器于身，待时而动。"指君子有卓越的才能和超群的技艺，但不会到处炫耀、卖弄，而是在必要时刻把才能或技艺施展出来。

"器"常指肉眼可见之武器、法器、兵器、机器。在本书中，它指身体力行、知行合一而彰显出的无形的文化力量。

我们来看看郑州人几天来演绎的"藏器于身"。

郑州妈妈用非凡智慧从洪水中救出自己的母亲与孩子，是对"藏器于身"完美的诠释。

那些在现场对他人成功施救的河南爷们儿各个怀揣着"智慧""勇气""信任""侠义"之器。冷静、冷静、冷静！"冷静"之器在一场场营救与获救过程中被无数次运用！

"师傅，车不要了，赶快从车里出来！一会儿来不及了，命比车重要！"这位因曾经的无数次训练而拥有快速反应机制、怀揣"救人于水火"之器的河南汉子，用一声声"活命"重器直击每一位在车内犹豫不决的人，大家瞬间清醒！几分钟内，他救了几百条命！将隧道灾难降到最低。

在水坑里救出一家三口的普通村民说，他有一定的救人经验，所以这不算什么。这是对君子藏"水性"之器于身待时而动最朴实的诠释！

一名黑衣男子丝毫没有犹豫的关键一跳，连续救下了两名年轻的生命。"当时真没觉得有啥，就是下意识的举动。"淳朴的他当过兵，还是党员，并且会游泳，深藏"事不避难"之器挽救生命。

那名一连施救五人的网约车司机果然不是一般人，他是一名"藏器于身"、身怀绝技的特种兵。当年在部队时，他曾经过大量游泳训练和在水中恢复体力的训练，没想到在二十多年后的暴雨中，在十几分钟施救突破体能极限之际，深藏于身的"本能"重器发挥出极致的力量！

刚被一名年轻医生施救活过来的另一个医生，瞬间又亮出"心脏复苏"之器，是名副其实的白衣天使。

风雨交加的街头，几名少年自发站在街头不断提醒来往车辆与行人："前面水太深，危险！请大家绕道行走。"小小的身体承受着冷雨和疲惫，即便体力不支，却依然如守护神般高举"侠肝义胆"之器屹立在黑夜里。

一名抱着孩子的女人被水卷走，岸上的男人像猛兽一样冲进去，赶紧捞一把。在大雨滂沱的街头，人们自发组织人墙，以"众志成城"之器抵挡巨大的洪流。

女人们心想：这还是那个在家死懒死懒的男人吗？汉子们在危难之际亮剑保

家卫城，平日深藏不露罢了……

藏器于身，一个真正的君子在身体内蕴藏着无形的力量，平日不会炫耀，碰到危急关头，果断冲锋陷阵。

河南各个地区，"英雄"之器高悬夜空唤醒众英雄，"善良"之器唤醒责任，"温暖"之器照亮黑夜，坚强连接勇敢，力量拥抱力量，凝聚成"团结一心"之大器战胜灾难，保家卫城！

这次特大暴雨大概是老天给予中华儿女的突发应急能力测试。

有人问："为什么是河南？为什么是郑州受灾！"

也有人说："为什么不可以是河南？为什么不可以是郑州？"

老天爷是用这样极端的方式叫醒我们啊！

狂野洪流的凶相让一千两百万郑州人集体猛一激灵：危险！多年被安逸麻醉的心神陡然一震，一瞬间，河南汉子回归了雄性本尊——血脉喷张！也引燃了一亿河南人的血性。中原人，骨子里潜藏着华夏文明古老的基因，血脉中流淌着皇天后土之宽广与坚韧，郑州没有辜负老天的眷顾，河南已经睡醒！

男人们冲锋在前线，女人们忙忙活活支锅烙饼，孩子们安静沉稳自主生活……

郑州人安全以后，第一反应就是捐赠其他地区的老乡！炒凉粉的大姐、烙烧饼的大叔、熬粥的奶奶……原来为几毛钱斤斤计较的人，此刻多少钱都不要了，只想让路过的人有饭吃。而同时，新疆哈密瓜、香喷喷的馕饼一个也不销售了，全部捐献给河南郑州，只为感谢河南郑州这些年对新疆的援助。几乎所有的超市看见救灾人员一律免费，好多消防官兵都不好意思去购物了……

千千万万人在特大暴雨之夜被最大限度升级进化！

生死之交，"藏器于身"的作者们也激灵一下就明白何为"藏器于身"。不用解释了，作者们一周之内奋笔疾书高效完成一次次改稿。

每个人都深刻体会到了"藏器于身"的价值与分量。

在无病无灾的日子里，"精致利己主义"之器令许多人颓废，以为光鲜的城市、豪车豪宅、名校高分、奢侈消费、怀疑对抗、自私冷酷，睥睨亲人、众生是生存之道。可一到重大灾害时，跳进洪水里"战斗"的河南人，让国人瞬间清

序言

醒，我们是谁？我们从哪里来？我们要到哪里去？

中华民族，"藏器于身"是传统美德。源远流长的文化瑰宝——"器"之开山鼻祖们都是来自哪里？在网上曾经流传着以下这么一个段子。

鹿邑人老子说：无为、无不为。

商丘人墨子说：兼爱，非攻。

民权人庄子说：天人合一。

郑州人韩非子说：以法治国。

淇县人鬼谷子说：纵横捭阖。

濮阳人吕不韦说：看吕氏春秋。

道家、墨家、法家、纵横家、兵家、杂家等代表人物的"文化大器"都有一个共同的身份——河南人。

我们是世界上四大文明唯一遗存的中华文明，我们是拥有珍贵无形文化遗产的华夏儿女。河南人从中华文明的第一声啼哭而来，是承载中华民族大半苦难的黄河儿女！我们更是"藏器于身"的中国人！

我经常看到新时空的翩翩君子同样在身体内藏着丰富的"武器"，"器"无形，肉眼不可见，但是碰到施展的机会瞬间横空出世，济世救民！

"藏器于身"对于新时代女性来说是蕴藏在气质里的力量，可以隐约看到她们一个个随身携带着无形"文化大仓库"行走在人世间。"器"被"文化美人"随时取用，轻松解决人生难题，是一种无形理论在生活工作中实践化的高才能体现。

本书阐述家庭生活中的"藏器于身"，是指一个人拥有卓越的驾驭两性、亲子、财富、身心健康"文化法器"的本领，随时为自己和家人做事情的能力。谁家拥有这样的人，就会家和万事兴。"藏器于身"的人越多，社会越富足安康。

本书介绍了在每个普普通通的日子里"器"之如何运用；在职场、家庭、情感中都应该常备着什么样的"器"；哪些"器"轻易不使用，使用了就能够高效取得成功、健康、幸福的成果。

虹汇美人们想推广"藏器于身"的意义：无形"文化之器"不同于名包名表，外人完全看不到，但是它绝对值得你拥有并且持续收藏。你用"器"救自己和他人于生活危难之间；你"藏器于身"行走在人生八大关系（与父母、与伴侣、与孩子、与自我、与金钱、与事业、与健康、与社会的关系）中一定会成为生活的主宰，修得平安、健康、喜乐。

"藏器于身"让你彻底告别身外之物的负累，而拥有"全世界最珍贵的十大奢侈品"。

回望新冠肺炎疫情给人类所带来的巨大灾难，这是大自然呼唤人类觉醒！老百姓都说灾难十有八九是人为的，地球村的核心安宁更需要人类藏"天人合一"之大器。人类唯有藏"与道同行"之器于天地间，天下生灵方能自由、平等、和谐、安宁。

万物生灵，最应该进化的是人类，愿人类"藏器于身"滋养大自然，愿地球母亲舒适、和平、康泰、繁荣！

道阻且长，行则将至；行而不辍，未来可期。

周　虹

于 2021 年 7 月 27 日敬书

序言二
Preface

雌性、雄性、母性、父性、人性、神性、灵性、兽性，菩萨心肠、金刚手段，以及"藏器于身"，这些是看见这本书中一张张照片的第一感受，也是二十年来我对母亲周虹老师的印象。

"藏器于身"是什么？

虹汇学员提起周虹老师，在尊敬的同时会有一点害怕。人们在怕什么？怕她那深不见底的洞察力。她的洞察力似乎带着"全息"的概念：好像她看你一眼，甚至只是听到你的声音，就能走到你的灵魂深处去，看到你内心埋藏最深的黑暗，然后以迅雷不及掩耳之势，使出百般"武艺"将它们逐一连根拔除。她就像一个游走在昏暗街头的医师，或者说是侠客，与她如影随形的是她的"文化大仓储"，你永远不知道她下一刻会从中掏出什么味道的"药"，又或是什么样式的"法器"，会以什么维度的"招式"将你拉出泥沼。

这就是"藏器于身"。

这二十年来，我见过她遇到过无数的人，纵使他们意识到自己有问题，但他们却不知道自己真正的问题隐藏在哪里。那些问题就像是身上带着湿滑鳞片的鱼，隐藏在泪水和痛苦浇灌出的深蓝色湖水里，只有她可以无视浑浊水面的干扰，瞬间将根源揪出并且解决。而你会感到非常痛苦，毕竟将身体的一部分抛弃并不是什么容易的事。

但当你感到痛苦的时候，就说明你已经离光明不远了！

"藏器于身"的意义在于，你带着你千般变化之"疑难杂症"向她求助时，她便用她万般"武艺"和"雷霆金刚手段"找出问题并将之解决；纵使你有再多的在别人看来难以解决的问题，她都会捧着一颗"水晶透明心"，带着她对世界极其敏感的"觉知力触手"和"六感直觉"拉着你奔向自由。

那这本书的意义是什么呢？

之前，昏暗街头只有她形单影只，现在，一群气质刚勇、武艺高强的"侠客"浩浩荡荡、整齐划一——"藏器于身"的中华儿女一起齐心协力"斩妖除魔"，就像一队队拥有"水晶透明心"的士兵，一心只想着助人，保家卫国。

虹汇一直走在保家卫国的最前线。周虹老师就像是一个将领，带着众多虹汇导师冲锋陷阵，唤起更多中国人的家国情怀，带领人们更加爱党、爱国，带领孩子们全面发展，为实现共同富裕的伟大愿景而奋斗。

就像电影《长津湖》里的一句话："这场仗如果我们不打，就是我们的下一代要打。"经历了新冠肺炎疫情，国人面对风云变幻，团结一心为保家卫国横刀立马，传承伟大的中国人民志愿军的勇敢无畏之精神。

"双减"[①]政策来了，更多龙韬豹略的年轻一代从漫天试卷中抬起头来探寻世界了。我们都有着相同的愿景——彰显优势，参与到实现共同富裕的奋斗洪流之中。

周汶瑾

于2021年国庆节

---

① "双减"指有效减轻义务教育阶段学生过重的作业负担和校外培训负担。

目 录
Contents

序言一

序言二

无言之言
——当老公生日不和我过时 / 3

追根溯源
——麻木、迟钝来自族群隐秘的"死亡动力" / 9

看见恩典
——两性冲突源于对父亲的怨恨 / 14

系统重建
——青春期女孩儿对父亲从抵触到崇拜 / 20

用"识"器透过现象看本质
——识石、识房、识人、识心 / 27

大丈夫处其厚，不居其薄
——不允许男人"吃软饭" / 36

从孩子写作业磨蹭中"解恼出坑"
——二宝诞生的同时爱好大宝 / 42

借假修真
——八十岁老人从受害者转变为受益者 / 49

迁善
——走出亲人非正常死亡的阴影 / 55

变道（上）
——打破母女难以沟通之僵局 / 61

变道（下）
——从沉迷游戏到热爱学习 / 67

向生而生
——孩子轻生是替父母"背锅" / 75

企业成功文化六要素
——企业主财务观置顶 / 82

大孝终身慕父母
——孝义天下之与父母和解 / 89

职场"眼色"
——孕妈咪也能职位稳定、收入增长 / 96

完善女人格（上）
——为何老公对我如此大方 / 102

完善女人格（下）
——"掉线"的婚姻重新"上线" / 109

"转念"之器
——一念天堂，一念地狱 / 115

灵魂伴侣
——"大女主"挽救家族企业危机 / 120

从破坏王到成就王
——不再对生活事业搞破坏 / 127

生命的觉悟
——清醒在每一个当下 / 133

修己
——我是解决问题的专家 / 139

内核重启
——发现自己的核心竞争力 / 145

文化自信
——孩子走上自主生活和学习之路 / 153

敞开式沟通
——自说自话是"大傻帽" / 159

疗愈"内在忧伤的小孩儿"
——与父亲和解才能亲近男性 / 163

与养父母亲密"链接"
——被领养的孩子获得圆满人生 / 170

求同尊异
——五十岁成为"文化人" / 176

催眠
——疗愈生命,告别"假大空" / 181

无条件的爱
——"无器"之苦,"有器"之乐 / 186

看见
——从叛逆到"学霸","00后"孩子说明书 / 192

执黑守白
——当伴侣对家庭财富有破坏习性时,及时止损 / 200

把困境当作课题研究
——"闹人"的婆婆偃旗息鼓 / 207

"高段位"接纳
——疗愈生命,辍学孩子以"高段位"态势重返校园 / 214

和颜悦色
——成就丈夫孩子,家庭事业双赢 / 226

一体思维
——家族荣耀"正铭印"孩子,成就二代接班 / 232

道阻且长
——当不能与"藏器于身"的孩子同频时 / 238

无"二元对立"之生灵观
——同性恋倾向之谜 / 243

多维度调频
——父母以师者的角度成就孩子 / 252

娇声胜于怨言
——细节成就家庭关系 / 258

带着方案去沟通
——细节成事 / 264

正业、正精进
——破解辍婚、辍学、辍工之困境 / 270

家庭成员合理分工
——孩子为何总是"撒泼" / 277

不言而知　不見而察

无言之言
——当老公生日不和我过时

一个人顶级的修养之器是"情绪稳定",伴侣之间开发心语,胜过千言万语。

曾经,我是个家庭主妇,洗衣做饭、送孩子上学、帮老公办杂事、照料婆家和娘家生活琐事……是我全部生活的重心。起初我以为自己还挺有用,渐渐发现自己被"温水煮青蛙"式的生活模式所麻痹,我已经快被社会遗弃了!

我还是一个在生活中不断制造麻烦的人,也有许多麻烦是主动找上我的。周虹老师说,这是因为我没文化,这里的"文化"指的是"幸福文化"和"成功、健康文化"。

周虹老师是个"藏器于身"的人,我很庆幸六年来能跟随她在虹汇学习,并承担虹汇行政总监的职务,除了家庭主妇,我又多了一个职业维度的身份。

老师用她的各种"神器"帮我解决过诸多问题,下面说一件最让我难忘的事。

有一年老公生日当天,我为老公准备了一上午的生日庆祝活动。下午五点,突然接到他发来的信息:"今晚我不回家吃饭,朋友们陪我过生日。"当时我感觉五雷轰顶,因为这说明外边有他更在意的人。

经过一段时间在虹汇的学习,我知道此刻什么最重要,"争气非生气",所以我没有如以往那样撒泼、哭闹,放下了"冲突、纠缠、破坏"之器,简简单单地回复两个字:"好的。"但是心里却久久无法平静。

那天下课,我送周虹老师回家,十分熟悉路况的我却左拐右拐,在路上绕来绕去,竟鬼使神差地把老师送到了啤酒屋。

老师盯着我,说:"你,今天肯定有事儿啊,说吧!"

"老公今天过生日,却不跟我一起过!"我迫不及待地"求救"。

没想到老师瞬间柳眉倒竖,拍案而起。看到这种在重大节日或纪念日里破坏家庭关系、伤害感情的行为,她总是横刀立马!

很快,老师开始布阵:"稳住神,今天让你步步为营!"

"第一步,打开微信,给他唱个生日快乐歌,震翻他。"这是周虹老师抛出的第一个计策"投石问路"。

我当时就愣在那儿了,因为在我二十年的婚姻里,我从未像那天那样得体、优雅地不去闹,还给他送上生日祝福。

几分钟之后,只见老公回复:"收到,谢谢。"我不停地喝酒,去掩盖内心的愤怒和慌乱。

"第二步,拍一段庞然大物般矗立的啤酒罐的视频并配字:今晚嗨翻天。发朋友圈,再次震翻他。"这是周虹老师抛出的第二个计策"敲山震虎"。

我哆哆嗦嗦地发了出去。

老公迟迟没有动静。

老师看着仍然痛苦不堪的我,使出"变道"之器:"像今天这样的日子,他可以出去聚会应酬,你也可以这样做。过去,你只会在家抱怨、争吵、死等,最终大闹一场,没有任何益处。而今天你也出去应酬,大家都开心,这就是变道。"

那天晚上,我就和周虹老师一边喝酒一边聊天,不知不觉,愤懑郁结的情绪慢慢被宣泄了出去,最后甚至有些开怀。我好像进入了另外一个时空,完全不同于往常面对同样问题时的苦闷与挣扎,恍如进入了爱丽丝的梦游仙境一样,发现了另外一种活法,并突然明白了一些自爱的意义。

在这场特殊的酒局临近结束的时候,周虹老师继续布阵:"你今天能继续听我的话吗?"

醉眼蒙眬的我坚定地回答:"我听话,老师。"

周虹老师最后奉上"无言之言"之重器,助我回家破我二十年自卑、无望婚姻之烂局。

她叮嘱我:"回到家,你一句话也不要说,他问你,你也不用回答,回家就睡,记住了吗?"

尽管我不是很明白老师的意图,但我信任她,所以决定今晚把自己"封印"成一个哑巴。

刚进家门,我就大吃一惊,老公竟然已经回家了!事情发展完全出乎我的意料,他不是应该迟迟不归、甚至半夜不归吗?怎么今晚竟然早早地在家等我?隐约听见他关心地问:"我早都回来了,你去哪儿了?"这是多年以来他第一次关心我的去向。

我一言未发,只是简单洗漱,倒头就睡。

第二天醒来,我睁开眼睛看见老公竟然坐在床边,用从未有过的温柔眼神看着我说:"你昨天晚上睡得好沉,我可是几乎一夜没有合眼……"

我简直不敢相信自己的耳朵,也不敢相信他竟然被"藏器于身"的我"折磨"了一夜,这让我有点心疼起来,但是并不后悔。"无言之言"的威力竟然胜过我二十年堆积如山的废话,二十年的婚姻今天突然发生了"乾坤大挪移"。我被这种远超预期的效果震惊了。

这是我在婚姻中第一次取得主动权,竟然是得益于"无言之言"之器——"留白",让我得到了婚姻中的自尊,而过去那些撒泼打滚、唠叨抱怨、苦苦纠缠竟然毫无作用。此刻,我更加坚定了要成为一个"藏器于身"的女人。

这之后,我虽然不再完全"无言",但也不再用一大堆唠叨和怨言去轰炸、纠缠老公和孩子了。果然,事情在"留白"之器下超乎想象地发展着。

一周之后的七夕,我收到了老公送的鲜花,他还邀请我和他一起参加晚上的同学聚会;孩子也开始主动征求我的意见,这都是多年未发生的事情。

通过多年的学习,现在的我,日子越过越好:老公晚上几乎不在外面吃饭,很少应酬,甚至经常比我回家还早。我的女儿今年顺利考上了心仪的大学,到美丽的杭州去上学了。而我,开始忙着工作、助人,越来越自信和轻松。

如今，这些"文化贵器"已与我相随相伴，我还把这些"器"分享给虹汇的其他学员以及身边的朋友。我认为，无论是男人还是女人，都应"藏器于身"。劝告在两性生活里有很多"杂念"的女人，人生要做减法：少言养气、少事养神、少思养精、少念养性、少欲少忧。

最近，我又在虹汇得到了更多"文化法器"："真心真实""找准位置""积极情绪""随缘修行""总有出路""保持清醒""善待亲人""服高人""永远学习"……

"藏器于身"，是我此生永不停歇的追求！

灵体次元

追根溯源

——麻木、迟钝来自族群隐秘的"死亡动力"

在我的心目中，周虹老师是一位"藏器于身"的"神人"，因为我亲眼见识过她帮助上百个辍学的孩子重返校园，为虹汇学员梳理各自"人生八大关系"中的人性"卡点"和事业瓶颈，无形的"文化之器"使用得"稳、准、狠"，从而帮助学员们获得成功、健康和幸福。

这天，我作为周虹老师的助理为夏女士做虹汇的私人定制服务，这是我收纳各种"器"的大好机会。我挺起腰板，精神抖擞地走进虹汇会所。

看到夏女士的第一眼，我就感受到了一种死亡动力（目前，虹汇工作团队成员已经可以敏感捕捉到客户身上隐秘的能量信息）。

只见夏女士一脸愁容，眼神暗淡无光，声音微弱，老公嫌弃她无趣、麻木、无法沟通，孩子抱怨她笨、无聊，不能与时俱进……

夏女士的外婆在她母亲一岁的时候因饥饿去世。每当母亲和她提起此事时，都会伤心落泪，有时还会念叨着想随母亲而去，而她的母亲在婚姻中与她的父亲争吵不断……

一番交谈之后，周虹老师和夏女士确定了私人定制服务的目标。

夏女士说："我的目标是我可以活好自己，可以和老公真诚、敞开地交流，夫妻恩爱。我还想把孩子养好，让我的孩子有美好的未来。"我看到夏女士眼睛里闪着亮光,听到她声音里有了一些自信,"预设未来"之器已经在悄悄地发挥作用。

这时,周虹老师举起第一个常备之器"追根溯源"——运用家庭系统排列(心理咨询与心理治疗领域的一种家庭治疗方法,通过现象学探究问题的引发根源,呈现隐藏在现实背后的影响因素),理清一个人的生命过往,让夏女士看清"死亡动力"不属于自己,而是属于她外婆的。"死亡动力"被一代一代地承接,会对生命产生破坏力,必须要"还"回去。

"你在两性关系中的无趣、麻木,你的不开心,等等,都源于你从母亲那里承接的'死亡动力',你一直利用它吸引母亲的关注,但它不应当属于你,而且它并无恶意,甚至是来帮你的。"周虹老师讲出了她看到的夏女士身上的核心问题。

接下来,我们团队为夏女士进行了家庭系统排列,夏女士亲自从虹汇成员中请出自己、母亲和死亡的代表。

果真,死亡代表十分关注夏女士,紧紧地盯着她:"我和她关系很亲密,我想保护她。"死亡代表说。夏女士代表往哪边走,死亡代表也跟着往哪边走。夏女士吃惊地望了一眼周虹老师——竟然和周虹老师的判断一样!

我能察觉到她的面部表情少了一丝迟疑,对老师多了几分信任。

"我要保护我的女儿,不让死亡代表靠近她。"母亲代表上场紧盯死亡代表,并不关注自己的女儿。

"你总觉得母亲不够爱你,你看她始终在保护你,她觉得这才是对你最好的爱。"周虹老师引导夏女士以"第三只眼"之器重新看待母女关系。夏女士被周虹老师运用了"抽离"之器,反而对自己的问题和习性看得更加客观和清晰。

当外婆代表上场平躺在地的时候,母亲代表情不自禁地走到外婆代表身旁坐了下来,在她的世界里似乎只剩下母亲。这时,死亡代表也鬼使神差般地来到外婆代表旁边。而夏女士代表也被吸引了过来,她顺势躺在外婆代表的身边,仿佛觉得很舒服。

"你的外婆因饥饿去世,这就是生活中的一个死亡状况。0~3岁的孩子像海绵一样,往往对一切全盘接收,你母亲当时只有1岁,无意识的她爬到已经去世的母亲身上吃奶,同时也把匮乏、苦痛、死亡动力全部吸收,在她以后的生活中呈现得淋漓尽致。"周虹老师运用"家庭成员死亡之核心病灶"之器"直中靶心","而你,又忠诚于你的母亲,你用'与死亡状况相伴'表达你对母亲的爱与支持,承接她的'死亡动力'与匮乏,所以在现实生活中,你会出现两性危机和孩子厌学、厌世的重大问题,带给你身心俱疲的痛苦,你亦如你母亲那般无法幸福生活。"

夏女士想起父母经常吵架的场面,又想起自己与老公之间或冷战、或相互攻击指责,还有心灵上的渐行渐远,与父母简直如出一辙,不禁伤心地流下了眼泪。

周虹老师话锋一转:"你躺在外婆代表身边陪着她,你的老公怎么办?你的孩子怎么办?你根本就不关注他们。你要记住,你的位置不应当在这儿,这里不属于你。"夏女士跟随老师看见了自己潜意识里隐秘的真实状态。

"你是继续躺在这里?还是起身回到你老公、孩子身边?"周虹老师拿出"家庭序位"之器,唤醒陷入黑暗的夏女士代表。

夏女士此刻好像被惊醒,发现自己并不是真的爱老公和孩子。老公和孩子对她的愤怒与疏离都是因为她身上存在着无形的死亡动力。

"接下来,把不属于你的'死亡动力'还回去,告别原生家庭,你才有可能活好自己,过好自己的家庭生活。"周虹老师继续耐心引导,"你今天的目标是什么?你如果继续躺在这里,那么你为人妻、为人母的职责谁来承担?"看出夏女士的迟疑,周虹老师又取出"因势利导"之器。

夏女士站起身,眼神中对母亲代表还流露着一丝的不舍和依恋。

"你愿意你的女儿离开'死亡动力'幸福地生活吗?"周虹老师问母亲代表,"顺势而为"之器在此处用得巧妙高效。

"我愿意,我不希望你和我一样痛苦,你走吧,你要开心地活着,不要和我一样。"母亲代表认真地说。 我相信每个母亲都希望自己的孩子比自己过得好,这是生活中最常用最有效的"祝福"之器,它拥有非常强大的力量。

周虹老师对每个学员的个案都有统筹安排,又有细节的脉络梳理,把细节融入每一个步骤,脚踏实地,步步为营。夏女士跟随周虹老师的引导去做,感恩

"死亡动力"的陪伴和庇佑，感恩母亲给予生命，把"死亡动力"还给了外婆。

夏女士凝成一团的眉心慢慢舒展开来，长长地呼出一口气，脸上出现了一丝笑容："老师，我觉得自己像卸下了千斤重担，轻松了许多，肩膀不再那么酸沉，心也有着落了，可还是感觉差点儿什么。"

周虹老师的"文化之器仓库"里可是储备十分充足的，她神秘一笑，问死亡代表："你还关注夏女士代表吗？"

死亡代表回答："不关注了，我听到她说要把'死亡动力'还回来，好好回归自己的小家庭，就很放心了。我是属于她外婆的。"这回，夏女士终于踏实了。

"追根溯源"之器还原了事实的原貌，并清晰地展现给了夏女士，还具有疗愈的功效。

周虹老师和颜悦色地说："你的母亲从小没有被滋养过，你想要的那些温情，她都没有体验过，又怎么能给你呢？你又怎么能给你女儿呢？"

夏女士若有所思，她对母亲又多了一份理解和敬畏，母女间的纠葛似乎烟消云散了，自己的罪恶感也有所减轻。我惊叹周虹老师不知不觉已经将"同理心共情"之器传递给了夏女士。

我佩服"藏器于身"的周虹老师，她循序渐进地引导夏女士去看清自己个人习性的根源和事实真相，在家庭系统排列过程中让母亲代表说出允许她"独活"，并用"第三方"死亡代表的话语确认不再关注她，夏女士也相信母亲在用自己特有的方式爱她，从而在根本上帮助夏女士解决生活中的一系列问题。

我作为虹汇这次私人定制服务的助理，可以说收获非常丰厚。首先，我搜集了很多"文化宝器"，主要包括"追根溯源""预设未来""抽离""家庭序位""因势利导""顺势而为""祝福""同理心共情"；另外还意识到，在以后的工作中如果再遇到家族中有非正常死亡的情况，围绕其所产生的影响进行深度分析是一个很好的突破点。

我决心跟随周虹老师持续地学习，不断实践。我相信，如此坚持下去，未来，我也将成为救人于苦海、"藏器于身"的师者。

无无明 亦无无明尽

看见恩典
——两性冲突源于对父亲的怨恨

长久以来，我被困在自己的婚姻关系中，总是用愤怒争吵、麻木冷战的方式与老公沟通，非常痛苦。于是我求助周虹老师为我进行虹汇的私人定制服务，想解困出坑。跟随周虹老师团队的节奏，从签约备案、预约访谈、确定方案、技术干预到案后辅导、跟踪回访，一步一步有序推进，一个月时间，我的人生状态从充满怨恨转向看见恩典。

我两岁左右的时候母亲就去世了。在那个年代，母亲已经重病缠身却迟迟得不到家人重视，未能及时就医，再加上成年累月的营养不良，她不明不白地失去了生命……我把自己和母亲都当作受害者，向周虹老师诉说着家庭的种种不幸，发泄着对父亲与长辈们满满的怨恨之情。

在技术干预阶段，我体验着周虹老师扭转我观念的"幸福文化"之器，帮我层层"解套"。

在私人定制服务的家庭系统排列现场，坐在地上的我哭哭啼啼，母亲代表平躺在地上（代表躺在地上表明所代表之人已经去世）；父亲代表冷漠地站在一旁；老公代表厌恶地看着我，心力交瘁，越走越远；孩子们的代表远远地望着这一切，看起来十分无力。

母亲代表双手放在胸口上，面部表情并不平和，似乎有些话要说，这些都被周虹老师随身携带的"敏感""直觉"之器捕捉到。

"你有什么感受?或者有什么话想说?"周虹老师问。

"我好像有心事未了,心里难以平静,走得也不安心。"躺在地上的母亲代表心有不甘地说道。

我感到胸口闷胀,怒火中烧,已经无法抑制自己的情绪,大声嘶喊起来。

"为什么你在我那么小的时候就死了?"

"爸爸,你为什么没有照顾好妈妈?"

"你们知道我有多么渴望妈妈吗?你们知道我的心里有多苦吗?"

"呜呜,呜呜……"

……

而我的这些情绪并没有被周虹老师阻止,因为她深谙"自然表达""清理""面对"之器的妙处。

我把压抑在内心最深处多年的质疑和怨恨全部表达出来,畅快淋漓,"自然表达"之器卸下了我的包袱、面具,表达出真实的自己,我不再用委屈、无力来填充自己的内心。

父亲代表被我的哭喊声搅得有些烦躁:"是我让她死的吗?我也不想让她死啊,这些年我也不容易啊,我找谁说去啊?你这样埋怨我,这样质问我,我很不舒服!"

父亲代表说的话把我还未及时释放的情绪堵在胸口,我又对父亲有了对抗情绪。这种场景让我忽然觉得好熟悉,在现实生活中,当女儿有负面情绪的时候,我会极力为自己辩解,导致女儿更加愤怒,不再和我沟通,经常以"随你""你说什么就是什么"来回应,或者直接沉默,我为此痛苦不堪。此刻,我意识到在以后的生活中要更多地允许女儿用"自然表达""清理"之器宣泄情绪,才能保持身心健康。

很神奇,我每喊一句,心里就感到更轻松一些,这是"清理"之器的显著效果。喊得越多,感觉就越奇怪——我发现自己开始心疼父亲了,居然有些理解他的不容易了。这是我和父亲之间从未有过的情感流动,因为我那些自私的想法和固执的念头逐渐被清理掉,于是父女关系便走近了一些。我见识到了"面对"之器如何助力关系良性发展。

周虹老师说:"每一个事件的背后都有恩典,这是我为你重置的生活程序。"她声音不大,却字字掷地有声,"恩典"之器悄无声息地闪亮登场了,开始了它的"杀伐决断"。

"你的母亲已经去往天堂,天堂里没有痛苦,她再也不会遭受疾病缠身之苦了。"周虹老师轻轻地蹲下来温柔地看着我说。

我听完有点愣神儿,思索着:"她怎么知道我的悲伤就是觉得母亲是痛苦的?"这个"恩典"之器与我内心多年的认知产生了冲突。

"在那个艰苦的年代,如果你的母亲没有去世,你能保证她的身心没有痛苦吗?如果是你,面对疾病缠身无法医治的苦和可以得到完全解脱的死亡,你选择哪个?"周虹老师看着我的眼睛,拿出"解脱"之器让我感同身受。

"我会选择死亡。"我不假思索地回答。

"相对那种可怕的病痛,死亡对她来说是解脱,你们也不用看着她受苦,你和你的父亲也不会因她而陷入痛苦的深渊中,她解脱自己的同时也解脱了你和你的父亲,这是最好的安排,也是你母亲最好的选择,是生活的恩典。"周虹老师的"恩典"之器颠覆了我对苦难的所有认知。

"我怎么就没有想过死亡是解脱呢?我执着地认为她百病缠身地活着才是幸福。"我低下头沉思,在心里调整了对痛苦往事的态度,转向正面与接纳,"解脱"之器已经开始让我"转念"。

"她解脱了,你和你的父亲也解脱了,从某种意义上来讲,你们家族都解脱了。"我反复琢磨这句话,三个"解脱"解锁了我的"心魔",心中的冰河大面积融化,"恩典"之器持续清理着心房的角角落落,事件背后是"恩典"的信念已植根心底。

"你的母亲去世,你的父亲并未再娶,在极其困难的条件下把你们抚养成人,很不容易,他也很苦。"周虹老师继续引导,不经意间又用"换位思考"之器把我和父亲之间的纠缠、对抗化解于无形。

父亲代表此时走到我身旁伸手拉我起身,我没有拒绝,感受着"父亲"宽大手掌的温度和力度,不再怨恨。

"听你这么一说,我觉得你说得对,我放下了'我命苦'的执念,我在天堂是安全的。"母亲代表此时也被"恩典"之器拉出了苦海。

"孩子,你不要和我待在一起了,我已心安,你走吧,回去好好过日子吧。"母亲代表语重心长地说。

周虹老师咒语般的话在耳边持续回荡,我们都被周虹老师的"恩典"之器紧紧包围,像是有一个光环持续在我们周围一圈又一圈地旋转,带走我们的罪恶感、对抗、愤恨、委屈、纠缠等"苦"的执念,无形的"文化之器"给这场家庭系统排列中的每一个参与者都带来拨云见日、各自安好的感受。

人生有"八苦"——生、老、病、死、爱别离、怨长久、求不得、放不下,我的"放不下"之苦被周虹老师的"恩典"之器斩草除根。

周虹老师说:"离苦才能得乐,你离开对过往发生是苦的执念,就有可能创造你想要的新体验。""预设""催眠"之器纷纷登场。

我明显轻松和喜悦了许多,对未来充满希望,一股欣欣向荣的"新生"气息弥漫在我们的周围。

在周虹老师各种"文化之器"的帮助之下,我不断告别"无明",明白了自己对老公不由自主的对抗源于因母亲去世对父亲怨恨、对抗的投射,并在现场和父母(父母代表)、老公(老公代表)进行了和解,认清了自己回归自己的小家庭去创造幸福的方向。我不再怨恨自己的父亲,不再怜悯自己的母亲,不再对抗老公,从此踏上了幸福之路,选择周虹老师给出的"独活"之路。

一周后,我成功地与老公沟通好了孩子未来的学业规划,真诚地表达了自己以往的不足,态度诚恳、语气柔和,最终和老公达成一致意见,孩子也即将开启新的学业之路。我的两性关系和亲子关系都在朝正面、积极的方向发展。

虹汇私人定制服务还有一个月的跟踪服务,在那期间,我发了自己笑得特别开心的照片给我的虹汇导师们,她们说我宛如一朵鲜花正在盛开,我正奔向美好未来。

我不再是受害者,生活处处是恩典!

当因为工作失误被领导批评时,我不再对抗,而是站在领导的角度换位思考,认识到自己的不足,恩典便是不断改正不足,为成为一个更有用的人做铺垫；当和老公有冲突情绪想要激动反抗时，我又运用起"换位思考"之器，冲突没有发生，生活喜乐继续。

　　从此，全家的生命都鲜活了，而且我还从周虹老师那里复制了诸多无形的"文化之器"藏于身上，随时取用，比如："自然表达""清理""面对""换位思考""独活""敏感""直觉""预设""催眠""解脱""恩典"。这些"幸福之器"已经被收纳到自己的"文化仓库"，我也成了一个"藏器于身"行走在天地之间的"大女人"了。

革故鼎新

系统重建
——青春期女孩儿对父亲从抵触到崇拜

系统重建,就是让旧系统崩盘,建立新系统,让一个人旧的认知瓦解,建立新的认知。我见过一个看似普通,但生命里却拥有很多看不见的"武器","藏器于身"的高人——周虹老师。我有幸作为她的助理,亲眼目睹她在短短一个小时内,运用各种无形的"文化之器",让一个对自己爸爸积怨数年的 16 岁青春期女孩儿,从恨转变为爱自己的爸爸。

女孩儿之前学习成绩一直很优秀,但因为最近几年父母的关系出现问题,她的学业也受到了很大的影响,尤其近两年的成绩下滑非常严重,她甚至处于厌学、半辍学状态,嘴里经常念叨:"爸妈离婚算了。"她弟弟也是同样厌学。家里的状态让妈妈和孩子们都感到窒息、痛苦,于是妈妈带女孩儿前来向周虹老师求助。

周虹老师身上自带的"安全感""亲切感""灵魂伴侣"之器,能让每一个孩子一见到她就像见到了最懂自己的人。女孩儿也一样,一见到周虹老师,就迫不及待打开了话匣子,急切要说出自己的烦恼,语速很快:"老师,几年来,我一直认为妈妈辛苦地为家付出,而爸爸除了能挣钱以外,好像没有其他优点,爸爸只要在家,就总是挑我们的毛病,根本看不到我们的优点,从来不会夸我们,非常自以为是,认为他自己都是对的,非常强势。而且爸爸对妈妈态度很不好,不沟通，很长时间他们都处在'冷战'状态中，家里气氛都很压抑，爸爸妈妈这样过日子真没意思，互相折磨，离了算了。所以我一直都在劝他俩赶紧离婚。"

听了女孩儿的困惑，老师不紧不慢地先拿出"男人格、女人格"之器，对女孩儿说："你先从男人格和女人格角度，客观地分别给父母打打分吧。"

男人格是评价一个男人的标准，主要分为四个方面：第一，白马王子——白代表干净，马代表金钱、财富，王代表事业有所成就，拥有一定地位，子代表文化、文明；第二，事业游刃有余；第三，生活从容不迫；第四，幽默温和。

女人格是评价一个女人的标准，也分为四个方面：温柔、可爱、有用、性感。这里的"有用"不是指会洗衣、做饭、打扫卫生，这是保姆都能做的。"有用"包含三条：懂男人，是老公的灵魂伴侣；懂孩子，掌握正确的养育智慧，拥有良好的亲子关系；懂自己，拥有"赏心悦目"的常态，不断与时俱进，自我提升。

女孩儿看看老师，开始认真思考，审视自己的父母。过了一会儿，她说："爸爸只有幽默温和不得分，其他几乎是满分，整体给爸爸打90分，妈妈得分几乎为0分。"

女孩儿打完分了，老师还没说什么，她自己就惊呼起来："怎么会这样呢？妈妈每天这么辛苦，付出这么多，得分怎么这么低呢？"

通过"男人格、女人格"之器，老师首先让她从另一个维度看到了爸爸的价值与实质，和她以前印象中的爸爸完全不一样，让她心里原有的对爸爸的认知系统开始瓦解。

女孩儿安静了许多，语速明显慢了下来，没有了刚才的焦躁。顺势而为，老师又亮出"时间维度"之器。

"宝贝，今天我给你介绍一个'法器'，世界上最优质的思维是历史思维，它不是从一个点看一个人和一件事，而是从历史长河里判定一个人或一件事的来龙去脉，因为这种看法是客观的。"

老师运用虫洞原理，引领女孩儿坐上时光隧道，穿梭在爸爸的人生长河中。她看到了爸爸的童年生活：小时候家里很穷，受人欺负，饭都吃不饱，小小年纪就要踩着凳子做饭，帮家里干农活，还要照顾弟弟妹妹。她看到了爷爷奶奶的生活模式对爸爸的伤害：爷爷常年不在家，奶奶一个女人要干所有的农活，养活五个孩子，累出了一身病，还要受公婆的谩骂。她看到了爷爷的绝情、奶奶的痛不欲生；她看到了爸爸的屈辱，十几岁就经历了父亲抛家弃子——爷爷消失得无影无踪，至今都杳无音信；她感受到了爸爸每天面对奶奶的哭泣和别人嫌弃的眼神时那种无助与绝望，体验了爸爸小小年纪就承担起爷爷的责任，扛起了一个家的不容易……

只是短短体验了十分钟，她被震惊了！

老师问她："如果现在，你的爸爸抛弃了妈妈，消失得无影无踪，你会怎样？"

她很难受地说："我早就崩溃了，感觉我家的天都塌了。"

"如果现在你看到爸爸走了，家里没有了经济来源，妈妈天天以泪洗面，痛不欲生，家里还要还房贷，要支付生活费、学费，家里目前的生活质量一夜间就大幅度降低，而且还需要你帮助妈妈一起扛起整个家，你要安慰妈妈、照顾弟弟妹妹，因为你是老大，你会怎么做？"老师又进一步问道。

"那我死了算了，不活了，活不下去了。"女孩儿悲观地说道。

老师深情地说："现在再想想你爸，这几十年他都是这么过的，你只是短暂地体验了十分钟，但他日日夜夜都在体验你的这种感受。你爸经历的这些'至暗'时刻，不仅没有让你爸倒下，反而让他更加坚强，他真的是个强人啊！他勇敢、坚强、勤奋、不断进取，为了家人的美好生活不懈地奋斗，他把钱拿回家，让你们住大房子，过着衣食无忧富足的生活……但是，他却得不到自己想要的东西，无法和你妈沟通，两个孩子颓废混日子、学业荒废，还和他对抗，现在你能理解你爸内心的痛苦、恐惧和绝望吗？"

女孩儿久久没有说话，陷入沉思，然后低声说道："我过去太幼稚了！我现在才知道原来爸爸小时候这么苦，他经历了那么多事情，他那么能干，他太不容易了，爸爸真的很厉害，我很佩服他！"女孩儿眼中闪着泪花。

老师又顺势取出"因果法则"之器，引导女孩儿透过表象，看到背后隐秘的力量："因被父亲抛弃，你爸从小就不再相信父母。而父母是孩子的全世界，所以他会怀疑很多人和事，很难相信身边的人。站在你爸的角度来看，这是非常合理的。你爸对待你妈的态度，其实是他对奶奶态度的投射，在潜意识中，你爸对奶奶有种说不出的对抗，但从他的经历来看，这样投射也是合理的。你觉得爸爸总是否定你们，看不到你们的优势，并不是他不爱你们，是因为童年阴影造成你爸过于否定自己。父母在否定自己的时候，就会习惯性地否定孩子。爸爸这样对你们，全然不知你们的痛苦，在他看来也是合理的。"

我终于明白了为什么老师对任何人都没有评判心，是因为她看到了每个人的"苦"，看到了每个人都是受苦的生命，都是"众生"。

老师接着说："所以你爸这样做，其实不算有错，站在他的角度上来说，他是对的。你也要接纳爸爸的'合理性'。现在，你站在爸爸的角度来看，认为爸爸的行为合理吗？"

女孩儿听着老师的话，确定地说："爸爸的行为是合理的，非常合理。"

老师又顺势拿出"告别'二元对立'"之器。

"生活中所有的伤痛、伤害都是有理由的，都是馈赠、契机，这个世界上没有'二元对立'，没有对和错，其实都是立场与活法，归根到底就是家庭文化。你们家，不是爸爸是错的，妈妈是对的；或者你是错的，爸爸是对的……没有对与错，都是合理的。每个人都有自己的角度，都可以是合理的，以后你要学会站在不同的角度，多角度地去看一件事情。"

女孩儿一句话也没有说，若有所思地点了点头，老师的一番话似乎为她打开了另一个世界。

最后，老师又拿出了"抱残守缺"之器。

"每个人都不完美，都有缺点，你爸对家庭负责，会挣钱。他从没有打过你，只是脾气急。如果用你爸性格急躁的缺点，置换其他的缺点，比如暴力、没钱、赌博、吸毒、酗酒，你愿意换吗？"

刚才一直低头不语的女孩儿，顿时将头摇得像拨浪鼓一样，立即脱口而出："我不换！爸爸这个缺点简直就是最好的缺点了。"

老师欣慰地笑了。女孩儿对父亲的优势瞬间一目了然，明白了自己拥有一个宝藏般的爸爸，是世界上最好的爸爸，她终于"识得"了爸爸，在心里建立了对爸爸新的认知系统，瞬间深爱上了爸爸。

看到孩子超高的悟性，老师送出"因势利导"之器："唯有感恩父母，才能拿回自己的力量。一个人越是爱自己的父母，就会越有力量。"

看着女孩儿一脸轻松的表情，老师又顺势抛出"深信法则"之器。

"其实你没有好好看过别人的家庭，当你真正看过别人的家，你就会发现自己的家庭其实是'上好'的，你的父母是最好的父母。他俩是不会离婚的，他们都是很传统的人，而且你爸一直在挣钱，家里财富稳定；你妈一直在虹汇学习、成长，所以你要深信，你们家正在朝向'生门'、光明的方向发展，朝着成功、健康、幸福的方向发展，你家会越来越好的！"

女孩儿明显心情轻松了很多，略显羞涩地回应了一句："其实我也觉得我们家挺好的，他俩的关系也没有我说的那么糟糕，刚才是我有点夸张了。"

老师满怀爱意地看着她，点了点头，又抛出"全息之眼"之器："直到有一天，你妈修成一个'文化自信'的女人，到那时候，她和你爸聊天时就能聊到你爸的内心深处，把每个问题都分析清楚，你爸就会意识到，这个女人就是我一直在寻找的灵魂伴侣啊……而对于你，你要'独活'，不要纠缠在父母的关系里，那是他俩的生活模式，与你无关。你要看到自己拥有最好的父母、家庭，感恩父母，拿回属于自己的力量，精进学业，彰显你的天赋优势，不断给你爸传递学业的好消息，让你爸放心，看到希望。如果你真的想为你的家庭做点事情，你可以持续给你爸写点东西。比如，你怎么读懂他了，看到了他的苦，知道他很不容易……因为你爸这辈子都没有人和他说过这些，没有人理解他、懂他，你写的这些东西，很可能会改善你爸的坏脾气，助力爸妈之间的裂缝得到修补。"

女孩儿边听边频频点头，信心满满地说："我会主动和爸爸沟通的，我不管他俩的事了，我要'独活'，我要和父母活得不一样，我要活得更好、更精彩！"

老师看着女孩儿充满希望与力量的眼神，开心地说："是啊，一个人让自己活好，才是对父母最大的孝顺。"

看着女孩儿由内而外散发出来的轻松、开心、绽放，老师说："我再送你个大礼吧，以后你谈恋爱时，首先要了解一下对方的'家庭文化'，看这个男孩是否尊重自己的母亲。一个尊重自己母亲的男人，才会尊重、善待身边的女性和妻子。"女孩儿认真地点了点头，开心地接过老师送的这个珍贵的"文化大礼"，也接住了自己未来幸福生活的大礼。

在这短短一个小时的交流中，老师使出的这一件件无形的文化之器，虽然看不见也摸不着，却拥有如此大的威力，让女孩儿心中几乎系成死扣的心结短时间就彻底打开了，让她的人生从此变得不一样：她终于能够轻松地专注于她自己的生活与责任，能够更加感恩父母，更爱自己的爸爸！

一个月后……

女孩儿给爸爸写了一封长达几千字的信，让她的爸爸很吃惊。

女孩儿开始努力学习。她上澳大利亚学校的网课，由于时差原因，需要每天早上5点40分就开始上课，每天都是自己定闹钟起床，主动学习，成绩步步提升。女孩儿的妈妈说，以前上学时最令她头疼的就是叫女儿起床。谁敢相信，现在妈妈每天早上还在睡觉，女孩儿竟然自己一早起来上课。

已经"藏器于身"的女孩儿还开始引领弟弟，她把从周虹老师那里学到的"文化之器"，都一一讲给了弟弟，让弟弟也重新认识爸爸、崇拜爸爸，并开始主动学习，生活能力也有很大提升。

再后来，女孩儿经常"藏器于身"行走在生命的各种关系中，成为同学、亲戚、朋友中的师者……

全息之眼

用"识"器透过现象看本质
——识石、识房、识人、识心

我是一个不识货的人,识不出什么是真,什么是假,什么是好,什么是坏。平时,80%的东西我买了就后悔,于是费尽心思去退货。那些退不了的,就会慢慢被遗忘在家中我看不到的各个角落里。

这种情形发生改变,是在我上了虹汇的中级课程《生命之花》之后。那节课让我大开眼界,而且通过"识石",我逐渐打开了"识"万事万物的能力。

课上,老师展现了上百件她从世界各地精心挑选的天然宝石及饰品。对这些从来都不感兴趣的我,竟不知不觉被深深吸引了。

周虹老师启用了"明心明目"之器,让大家心眼合一。蛋白石、萤石、孔雀石、铋石、红纹石、芙蓉石、和田玉、舒俱来石、海柳石、天眼玛瑙、翡翠、水晶、茶晶、碧玺、月光石、绿松石、海蓝宝、天河石、女娲石……黑色、红色、白色、黄色、白里带粉、黑里带灰……圆形、方形、菱形、椭圆形……当这上百种独一无二、美丽无双的宝石同时呈现在我们眼前时,大家都被震撼得目瞪口呆。然后,它们又一颗一颗从我们的手中经过,每个人都将这些石头小心翼翼地捧在手心,用心去观赏和感受它们的美丽与质感。万物皆有灵,每一颗宝石都像是一朵花,美丽绽放着,突然,我感觉心里也有一朵花开了,那便是爱的生命之花……

没想到，课程最后，老师竟然把这些美石饰品都送给了在场的学员们。有人问："老师，您把自己的美石都送给我们，不心疼吗？"

老师回答："这些美石如果被你们经常佩戴，便能够滋养你们的生命，我觉得这样，它们才更具有价值。"

这节课，我得到了一颗洁白如洗的"白月光"宝石，我简直喜欢得不得了！同时，我收获了一个无形的"文化之器"——"识"器。

识　石

"姐，你运气真好，上午我刚进了货，这个翡翠手镯的料子不错，你买了绝对不会亏，好几位顾客让我帮他们留着呢！"我去逛玉石店，店员极力向我推荐着一款翡翠手镯。

这次，我不再盲目相信店家的推荐，而是带着"识货"和"链接"之器，观察着这个手镯。看了一会儿，总觉得有点"怪怪"的——好像有些太完美了。

于是，我从包里拿出了"玉石鉴定手电筒"来验证一下，这是一种分紫光、黄光、白光三种颜色的手电筒，在鉴别玉石内部结构时，与玉石呈 45°角就能看得很清楚。我刚拿出来，店员就准备把手镯给包起来，我对有些紧张的店员说："没事，我学习学习……"他也就没有再说什么。

我把紫光打开，天啊！镯子有荧光反应，关了灯又恢复成原来的颜色，果断判断是 B 货（翡翠 A 货、B 货等是翡翠行业对翡翠质量的商业俗称）。通过验证，太过完美的玉石，往往是赝品，因为真品价格不菲。我表示了感谢，转身离开又去另一家店里看美石，老板耐心地问："需要什么？玛瑙、翡翠、蜜蜡、翡翠……"

"麻烦您拿个翡翠手镯让我看看。"我道出需求。

老板十分麻利地从柜台里拿出了几个翡翠手镯让我挑选。拥有无形"文化之器"的我启用"识"器和"一目了然"之器。

看着这几个手镯，拿起来摸摸手感、看看光泽、掂掂分量……心里有种莫名的踏实，我知道这是天然的石材，没有问题。挑选了一个试戴，越看越喜欢，询问过价格后，我说："老板，这个我请了，帮我装起来吧！"

老板举着大拇指称赞道："有眼光。"

第二天，我拿着心爱的手镯请老师过目。"不错，是天然的黄加绿，'识'之器用得很好。"

以前，我买完东西经常会感到心里不舒服，总担心买错。这次的购物感觉和以前大不一样，心里非常踏实，吃得香、睡得着，不消耗自己的精力，连孩子们都说我比以前开心了。

"藏器于身"的我通过买天然宝石练出了眼力、心力、目力，让我"链接"上大自然，对这些天然的比我们更早出现在这地球上的神秘，更多了几份敬畏。

识 房

我把"识"之器也用在了家庭生活之中。我用"有用"之器开启本周的家庭会议，老公首先提议换一套好房子改善居住环境，我和两个孩子全都同意，每人都说出了自己的需求。有了识石的经验，我向家人提出这件事由我负责，保证道："这事交给我吧！我最近正好休年假，老公你安心上班，我根据大家的需求去找房子，并且每天给大家汇报。"我补充说，"换房子是个大事，所以，我们要做好充足准备，让这钱花得值。"

第二天，我去了同事介绍的售楼部……

吃晚饭的时候，我手里拿着笔记本略带神秘地说："老公、孩子们，通过我的考察和分析，我对于买房有几点建议。第一，前段时间咱这儿下暴雨，很多小区的地下车库都淹了，为什么有的小区地下室没有淹呢？是因为这些小区地势高，它们大多处于新开发区。其次，配套学校也是首先考虑的要素之一。还有，小区物业要高端，应急措施能够做到位。以上这些都是我们选新家的标准。还有一个秘密，我发现一个楼盘，开发商的老板和他们的亲戚均在这个小区安家，物业和房子的品质肯定没有问题。"

老公听后频频点头："对，我们平时的生活离不开物业的付出，所以，有靠谱的物业是非常重要的。"

我看了一眼笔记本："另外，采光对于我们来说也很重要，我们都喜欢晒太阳，现在家里的采光每天 5~6 个小时，有些短。我知道有些家庭的采光是从早上六七点到晚上的六七点。"

二女儿激动地说:"我喜欢晒太阳,长得高。"

我抱起二女儿说:"是的,宝贝,你的身高一定会超过妈妈。"

"下面,我们思考一下新城区和老城区的区别是什么?"

大女儿说:"新城区干净,老城区拥挤。"

我给大女儿比了一个"赞":"是的,宝贝,所以,房子一定要从新城区的楼盘中选择,因为新城区的规划更合理。而且,我们要选周围有公共绿地的小区,这样每天都可以和大自然亲密接触。新城区的地势也比较高,再有暴雨天气,我们也不怕被水困在家里了。"

两个小公主不停地用鼓掌回应我,我的情绪也越来越高涨。

"最后,关于户型,我认为我们每个人都要有独立的区域,每个房间都要有卫生间,因为我们养的是女儿,女儿一定要享受这样的待遇。如果大家还有什么更好的建议,可以再补充!"

老公和两个孩子同时给我比了个"赞"。

"接下来,我根据以上选房标准,给大家分享一下我今天看房的收获,这是照片,大家请欣赏一下我选择的这个小区整体沙盘的布局、小区内的环境、房屋平面图、样板房……这个小区位于……"老公和孩子们认真地听完我的发言,都提出了自己的想法,每个人都踊跃发言,一家四口空前团结。

睡前我和老公聊天:"老公,我现在觉得自己很有用。昨晚我只睡了三个小时,了解了这个小区的规划,在网上查了很多的信息,为看房做准备……"说着说着,我进入了梦乡。

第二天早上,闹钟的声音都没有把我叫醒,等我醒来时,老公已经上班了,还把两个孩子送到了学校。看着老公给我发的"大红包",我暗暗发誓,要继续彰显自己的"识"和"有用"之器。

买房是大事,我要多比较、多考察。两个月以后的一次家庭会议上,我向家人介绍我选中的房子:"今天给大家介绍的这套房,我觉得是最符合咱们要求的房子……"我信心满满地为家人介绍房子,内心抑制不住地兴奋和喜悦。介绍完毕,大家都很感兴趣,计划周末去看房。

周末。我们一家人如期去看了中意的那套精装修现房，一家人全票通过，果断买下了这个新家。

当我们住进新家后，感觉和之前完全不同。以前买房是冲动式消费，住进去后就发现房子有很多地方让我后悔。现在搬入新家，看哪儿都顺眼，哪儿都让我们满意。

郑州 2021 年 7 月的这场特大暴雨之前，我们新家的小区物业提前做好了暴风雨应急预案，我家的车库也没有被淹，水、电、网、气正常使用，很多朋友都羡慕我们小区有这么好的物业。

虹汇会所在这次特大暴雨期间，"水、电、网、气"一切正常，地下四层的车库也没有进水，实属罕见。选择好的商务楼，得益于老板的"识房"之器。

识　人

"识"器之中，"识人"之器尤为重要。

老王和小张是我们公司的部门经理，老王因为个人原因被辞退，小张随后也被请出了核心团队，这与老王有关。在工作中，我看到老王和小张有很多相似之处，但"识人"之器，让我更加看清了背后的真相。

"小张，你为什么替老王发不利于团队的信息？用'陪葬'来吓唬谁呢？我们怕他吗？"一位部门经理在例会上气急败坏地质问他。

我不禁回想起自己当时在公司核心工作群看到的小张所发信息时的感觉：小张如此同情老王，只顾替他鸣不平，却丝毫不顾及自己的言论会对团队造成负面甚至是恶劣影响。他不像是我们核心团队的自己人，而是破坏团队的卧底。

小张不知所措地回答："我没有啊！只是那天见到老王，我们聊了很长时间，他说最近很难……"

小张其实是一个没有立场的人，无论工作还是生活，都分不清自己的归属，这很大程度是源于他儿时被送养的经历所造成的"心理坑洞"，一直在影响着他的工作和生活。老王虽然离开了公司，但小张作为公司的核心层人员，却依然和他无话不谈，丝毫没有意识到这样做对公司是很不利的，也没有考虑到公司领导的感受。他的立场在哪里？他所忠诚的对象是公司还是老王？

小张无辜地看着大家说:"我发这个信息,只是好心想提醒领导他有这个想法,我是为公司好啊,你们都误会我了。"他在极力地辩解,证明自己是对的,这是他的一贯作风。

"你的孩子现在处于考高中的关键时期,有可能没有学上,家里这么重要的事你不操心、不管,反而关注不相关之人的负面信息、负面能量,你是孩子的亲爹吗?"一位部门经理提醒他。

我观察到,他平时经常说孩子对他有多重要,可是,当孩子真正需要他的时候,他却总是在忙别人的琐事,帮不到孩子。在公司也是这样,经常说感恩老板对他的培养,但他做的,却是和破坏团队的人靠那么近,还替他对团队搞破坏。没有立场的人,在哪里都会摇摆不定!我感觉小张要被降职了,同时发现自己的"识人"本领越来越高了。

"你是在当他的垫脚石、传话筒……"

小张一脸无辜地回答:"我真的没有,我们只是在那儿聊了一会儿。"

……

小张根本没有意识到自己做错了什么,他没有看到这件事对团队造成的恶劣影响,没有"识"出老王在利用他,没有看到自己无立场的习性……这真的很可怕!

道不同不相为谋。果然,团队开会表决,把小张移出核心团队。我的感觉是对的,因为我"识得"他。这件事对小张的事业、薪酬、生活破坏力极大。但他不冤枉,因为他背叛长期培养他、一心为他好的老板,老板已经对他失望和放弃了。后来,他追悔莫及,但为时已晚。

我用"识人"之器辨识人和人的区别,这使我的生活越来越轻松,因为我能"识"出:谁是自己真正的贵人、亲人、同心人,谁是靠谱、可长期共事的人……那些从不站在团队的角度,总是替外人攻击老板和团队的人,日子会越过越差,要避而远之。

通过"识人"之器,让我明白为什么他们会越过越差。一个人在原生家庭长大,很多习惯、思维、为人处世方式等,都是在原生家庭的成长过程中形成的,成人后,他会带着这些家庭文化走入社会,走入自己的小家庭。在工作中,他把老板投射成父母，从而产生很多期待，但期待越多往往失望也会越多。

老王因从小被送养，被老人养育长大，于是潜意识里一直在恨父母抛弃他，造成他"受害者"的心态，他的内心没有忠诚感，也不知道该忠诚于谁。认亲错位导致他对父母产生诸多评判，造成不懂得尊重权威，事事与单位领导对抗，处处证明自己才是对的，甚至不惜破坏自己的职业生涯，这样的人在职场真不少！长期积累的负面、对抗情绪，会对事业和财富造成巨大破坏，应引以为戒！

识　心

"识心"之器是知道对方做事的用意。有的人做什么事都会让彼此成就、达到多赢，有的人和别人交往启动的则是"打击毁灭"机制。

我的老板就是处处成就别人的人。小张因为老王的事儿被请出核心团队后没多久，一次例会结束后，老板对所有公司员工说："这次暴雨很多人的车都有泡水的现象，小张家是开汽车修理厂的，大家可以去他家修车或保养车。"

一位部门经理问老板："老板，我想不通，他这样对公司，这样对您，您为什么还要帮他推销？"

老板微微一笑："他已经受到惩罚了。举手之劳，利人利己，共生共赢！"

经过这一系列的事件，小张终于懂得了老板的用心，在工作中越来越努力和精进。

在工作中，我们不能只看表面的现象，其实大多数老板的本质目的是让员工祛除不良习性从而更加优秀。持续成功的老板都有一颗"成就员工"之心。

我还发现，老板的心也是最容易被误解、被记恨的。"识"出老板一次次给员工历练的机会，让大家在职场有更好的发展，这份"成就"之心，并不是所有员工都能体会到的。

在我看来，老板们之所以可以轻松拥有工作、家庭双赢的好运，正是因为他们一次次用"恶人"的形式不断成就大家，才会功德无量，被福报所追随。

企业老板在挑选核心团队成员时都会观察员工是否忠诚于企业，是否有共同的世界观、人生观、价值观（甚至是宇宙观），是否有共同的信仰，是否志同道合。老板们大多有"识心"之器，一眼就能甄别哪些人可以长期培养，哪些人只能短期使用。尤其是当企业发展到关键时期时，团队更需要具备良性"无形文化"之器支撑的"同道之人"。

现在，很多企业人力资源部门的高层领导也来到虹汇学习"识人"，用5分钟面试时间就能看透一个人，知道他适合哪个岗位，他是否忠诚，是否持"长期主义"，人品是否过硬，是否有责任和担当……

通过识石、识房、识人、识心，我不再要求他人完美，而是专注于藏更多"器"于己身，工作、生活变得非常安稳。未来，我要成为"识万事万物"之高手，更要把我藏于身之"识"器分享给更多的人。

大丈夫处其厚，不居其薄
——不允许男人"吃软饭"

一直以来，我都有一个难言之隐，那就是我有一个长期"吃软饭"，只想让我独自为他和这个家付出，自己坐享其成的老公；还有一个常年辍学瘫软在家，只会伸手要钱，毫无作为的儿子。

《道德经》曰："大丈夫处其厚，不居其薄"，是说男人要言而有信、踏实做事、朴实厚道，多为家人付出，承担起做丈夫和父亲的责任。

进入辛丑年（2021年）后，我终于下定决心不再强撑，要逼家中两个男人开始承担。所幸在虹汇"学器有成"，"藏器于身"的我终于成功解决了老公"吃软饭"这个问题。

我准备了很久，希望找到一个合适的契机去解决问题。一个周末，机会来了。那天，我与几位朋友一起吃饭，借机把自己喝醉了，就是为了回家用"绝地反击"之器解决问题。两位朋友特别贴心地送我回家，快到家门口的时候，我笃信地说："老公那么爱我，肯定会来门口接我。"接下来的事情却让我丢人了，老公的电话无人接听，我瞬间颜面扫地，后来，是朋友求我儿子把我搀回了家……

到家后，看到早已进入梦乡的老公，我铁了心第二天要用"幸福文化"之器把他砸醒！

第二天，我取出"大丈夫处其厚，不居其薄"之器傍身，走到正在客厅玩手机的老公身旁对他说："咱俩进房间聊聊。"

老公继续玩着手机，与平日一样满不在乎地说："有什么事在这儿说吧。"

我更坚定了要为自己未来的幸福而争取的决定，启用"坚决止损"的"厚黑"之器，声音低沉有力，再次说道："请你去旁边的房间。"

他不由自主地手抖了一下，忙说："走走走。"

来到房间，老公又是一副无所谓的模样坐在椅子上，继续玩着手机："说吧。"

我冲了一杯茶，沉静地坐在老公的对面，端起茶杯品了一口，今天的茶有些与众不同，似乎预示着我修了这么久的"文化之器"一定会震慑眼前这个不疼惜老婆的男人。

我将一个个问题稳、准、狠地抛向他。

我问："你知道昨天晚上我们的饭局目的是去解决咱家财产保全和推动儿子完成成人礼走向社会的方向吗？你的手机为什么调静音？你为什么睡那么早？你一点儿都不担心我的安全？你心里到底有没有我？你今天必须我给一个说法。"我目不转睛地看着老公的眼睛，发出一连串的质问。

"孩子睡了，我怕吵醒孩子……"老公无辜地看着我解释道。

这样的狡辩怎么能难倒"藏器于身"的我呢？"你为什么不能去客厅等我？而是在房间里呼呼大睡？"

"我本身对你喝酒这件事就反感，把孩子丢在家里，自己出去喝酒，还好意思质问我？"老公渐渐露出了"真容"。

好吧，看来必须启用"经济主体"之器，把我以前为家庭、为他的事业所做的一切承担与付出都摆在他面前。

"生完二宝，我有没有单独晚上外出过？女儿一满月我就去上班，我有没有抱怨过？咱家的钱是不是都是我挣来的？"我保持着情绪的稳定，不紧不慢地说，"对你的事业，我是不是无条件地支持？多年来，我是不是把自己挣来的钱都投入到你的事业，维持你事业的运转？"说到这儿，我打开手机银行，点开转账信息表，每一项转账都有说明，我把这些信息拿给他看。

老公此时放下了手机，看着桌面，像被定格在那里一动不动。

"你是不是把我赚到的现金变成产品，却一直没有把产品变成现金，甚至没有利润？变成利润才能养家，作为男人，你有没有承担起自己应有的那份养家的责任？"无形的"文化之器"所形成的能量很大，我努力地控制着这股能量，免得能量过大让他受不了。

"家里家外都是我操心，就是希望让你能够安心投入到事业里，我有没有让你帮我做过什么？"我继续问他，"节假日你很少陪我和孩子出去玩儿。你看上去很忙，可实际上对金钱、情感都不愿意付出，我们要你有何用？昨晚我不是去喝酒，而是去解决咱家的问题，是独立面对问题的无力感让我醉酒，你却这样对我……"这种强大的"施与受不平衡"的力量，让老公的对抗慢慢消失。我内在的核心力量不断凝聚，第一次勇敢直视老公，让他羞愧地低下了头，双手揉搓着眼睛："我都认。"

见状，藏器于身的我趁热打铁拿出"重塑文化"之器。

我镇定地对他说："这些年，为了支持你，我和孩子的日子过得捉襟见肘，不舍得吃不舍得花，生活品质大打折扣。以后，我不允许你再把家庭拉到悬崖边，让我们处于危险之地。我会把一部分钱合理安排在家庭生活中，一部分钱用于家庭储备金。我只做好我自己的事情，请你把产品变现成金钱，让我和孩子看到你在为家承担。"

话音刚落时，房间里特别安静，过了一会儿，他终于发话了："我有错，是我没有担当起男人的责任，让你承担了很多。"老公看清了自己。

当我们两个人都在专注地审视自己身上的问题时，突然听到一阵"咯咯咯"的清脆笑声，我和老公很有默契地看向门口，原来是女儿心领神会地笑着，这一笑，更说明家里早该有这样的沟通，无形的"文化之器"正在我们家庭成员之间发生着作用！

我拿出"内观"之器（对自己的内心进行审视、观察），它看着小巧，可别小看它，其实威力巨大。问题并没有完全解决，"内观"之器瞬间在家里每个人身上启动"法力"，让老公审视自己的内心，从而更清晰地认识到我是如何实实在在为家人付出的。

第二天，我又施展"家庭会议"之器（家庭成员之间沟通家庭计划和决策，解决冲突、分担家务），一家人坐在一起，讨论以后家庭的计划。

老公自信地说:"关于家庭成员的安全问题,只要有一个家人没有回到家,我的手机一定会保持畅通,时刻关注,随时回应,把晚上接送家人当成我最重要的事之一,并奉为咱们的家庭文化……"

此时的家里充满了爱的气息、幸福的味道,一家人开心地为老公的担当鼓掌,女儿自豪地说:"这才是我的好爸爸。"

这段时间,我经常在外办事,有时打不到车,这大概是无形的"文化之器"在有意地制造一些麻烦来考验老公是否有所改变,没想到老公"秒回"信息:"好的,我马上去接你,半个小时候后见。"回家的路上,我们有说有笑。

回到家中,女儿俏皮地说:"妈妈,前天你回来很晚,爸爸告诉我他要在客厅等你回来。"

我也回应女儿:"是呀!爸爸最近变化可大了,这段时间经常下雨,他就是我的专职司机,非常关注我。"

一个月后,老公的微信朋友圈里发了一条图文信息:"一出手就是两大批货。"

我激动地拨通了老公的电话:"老公,恭喜发财!"

电话里传来老公爽朗的笑声:"刚收到十万元货款,晚上请你和孩子去吃饭,咱们好好庆祝庆祝。"

"……老公,我看中了一个手镯。"我不好意思地说道。

"你喜欢?买吧,多少钱?我把钱转给你。"老公果断地回答。

……

"叮铃",手机转账提醒铃声响起……

不久之后的一天,儿子对我说:"妈妈,我已经过了18岁生日,我要经济独立!最近我每周去爸爸的店里工作4天,月底就有工资了,您以后就不用给我发零花钱了。"儿子的这些话,让我无比欣慰。

一天,正在厨房做饭的我听见客厅里传来父子俩聊天的声音:"爸,今天驾校没几个人练车,我一个人练了好几把倒桩,您给我说说经验呗……"

儿子还开始思考一些深刻的人生问题了,他主动请教周虹老师:"为什么人会觉得累?我没有奋斗的目标和动力怎么办?"

周虹老师耐心地与他分享成人生活的目标和动力,比如她自己的使命是养好自己的孩子，并帮助像他一样生活在痛苦中的孩子们，履行这些使命的时候，即使再累，也很快乐，她很喜欢甚至享受这样的"累"……

再后来，儿子又开始思考关于如何深度"链接"金钱的问题了，他请教虹汇培优专家："什么是聚财、守财、爱财？守财也是一种爱财吗？虹汇关于金钱的课题精准论据是什么？有的人能挣钱，为什么守不住钱？"

如今，儿子已能够深刻理解：仇富不羡富，羡富不致富，致富不守富，守富不享富，享富不享福。

……

惊喜源源不断地发生在我的生活里。

观察发现，诸多类似我们家以前那种情况的家庭往往有以下习性：

在夫妻关系里，女人在潜意识里瞧不起自己的伴侣，想掌控所有的事来证明自己比男人强；

在家庭关系里，自己不作为，事事让孩子、伴侣改变，证明自己永远是对的；

不断妥协、配合伴侣对财富进行破坏，其实是证明伴侣的无能，用活不好来报复自己的父母；

女人放任自己在生活中成为"受害者"，把家庭置于险地。

无形决定有形，这种"无形之器"会带给我们有形的影响，不良的"无形之器"会将我们的人生带入痛苦与不幸。

而成为虹汇培优专家后，我拥有了更多良性的"文化之器"。天薄我福，吾厚吾德以迎之；天劳我形，吾逸吾心以补之；天厄我遇，吾享吾道以通之器。未来的我，将在某一领域成为真正的师者，"藏器于身"行走在"人生八大关系"中。

从孩子写作业磨蹭中"解恸出坑"

——二宝诞生的同时爱好大宝

何谓"解恸出坑?就是指从最令自己痛苦的事情里解脱出来。

对我来讲,孩子的作业、学习、习惯,就是我这一年来最大的"恸",可以说让我痛不欲生。

"讨厌,一早喊啥喊?烦不烦?"

"再不起床,上学就又迟到了!"

"妈,我放学先看会儿电视,不想写作业。"

"说看半个小时,现在都看了一个小时了,怎么还不去写作业呢,快去写,快去!"

"我想和妹妹玩一会儿。"

"写完作业再玩,不写完不能和妹妹玩!"

夜里 11 点了,看到女儿趴在学习桌前睡着了,可作业还没写完,我的内心很"抓狂"。

……

这是我家一年来每天几乎都要出现的场景。我家有两个女儿,大女儿上小学三年级,小女儿刚一岁。大女儿几乎每天都是在夜里 11 点多才能完成作业,而且都是在我不断催促、埋怨、指责中完成的。就这样，大女儿天天半夜不睡、早上不起，家里每天充斥着责骂声，骂着"大的"，还要哄着"小的"，这样的生活让我濒临崩溃。可是看到有一些"藏器于身"的家长，他们的孩子作业、学习根本都不是事儿。于是我也不断学习去提升自己，想成为一个"藏器于身"的妈妈，最终让我"解恸出坑"。

现在，我是一个"藏器于身"的女人了！我学到了很多无形的"文化之器"，它们看不见、摸不着，却威力无比。

"妈妈，我先看半个小时电视，然后再写作业。"

女儿像往常一样。

我拿出了"感同身受"之器："学习一天了，好辛苦啊，来，边吃水果边看电视，这些都是你爱吃的水果，妈妈专门给你买的。"我开心地回应着女儿，一改往日严肃、不情愿的态度。

女儿看了看我，表情有点儿怪怪的，不太敢相信这是真的，但还是边吃水果边看电视，心情好像很不错。

"我觉得半个小时电视时间有点短，这样行不行，你看电视，妈妈做饭，然后我们边看电视边吃饭，好不好呀？"

女儿诧异地看着我："吃饭看电视，你不说我吗？"

"不说了，以前是妈妈不对，总是训斥你、要求你，妈妈知道错了。你学习一天了，也需要放松放松。"我温柔地看着女儿说道。

就这样，孩子身心放松、开开心心地看了一个小时电视。回想起以前，女儿都是在我的指责、抱怨声中看着电视，她当时心里该多累啊！

"感同身受"之器开始起作用了。

女儿吃完饭，主动去房间写作业了，这简直让我不敢相信。

其实大女儿一直很困惑，为什么要有作业？她看见作业就很烦。我便拿出"同理心""认同"之器，站在孩子的角度，与她心平气和地沟通："宝贝，妈妈知道你是'新物种'，是高级的生命，你比妈妈厉害，以后妈妈要跟随你、听你的。妈妈看到你每晚写作业到深夜，很辛苦，我很心疼你，能跟妈妈聊聊你对作业的看法吗？"

女儿愣了，说："我就是不想写作业，一写作业我就犯困。"

我平静地说："是啊，没有谁想写作业，我还不想上班呢。"

接着，我顺势运用"正话反说"之器："不想写，要不以后咱就不写作业了吧？"

女儿吃惊地看了看我，她没想到"视作业为头等大事"的妈妈能说出这样的话，一时间沉默了……

"那怎么行，老师检查会批评我。"过了一会儿，她说，显得很紧张。看来"器"在发挥威力。

"哦，是呀，我的宝贝儿是这么好的孩子，可不能让老师批评呀！"我随声附和道，"也就是说作业还是得写，那你能不能提高效率，早点写完休息呢？"我顺势拿出了"引导思考"之器。

"我自己在房间，写着写着就'走神'了，要是你陪着我写应该能写得快些，可是你总是陪妹妹，也不陪我。"大女儿一脸委屈。

"解恸出坑"之器出现了！

我是在大女儿6岁时高龄怀孕，紧接着就开始保胎、养胎、生育，根本没心思关注她。她那时已经上小学了，每天都有作业，但一年级作业少，没在意。她妹妹出生时，她上二年级，从那时开始她就不愿写作业了，经常闹情绪。而我只看到自己辛苦，却看不到她的需求。

"妈妈，我不想写作业，想抱妹妹玩儿。"

"你干好你的事儿，别添乱，"我不耐烦地说。

"妈妈，我想跟你睡，我自己睡不着。"

"怎么睡呀？你妹妹一夜要吃几次奶，还哭闹，你跟我能睡好？"我一通抱怨。

"妈妈，我想吃妹妹的辅食。"

"那是小孩儿吃的，又没味儿，你吃它干啥？"

……

多少次在她不断表达需求时，我都一口回绝。

多少次当她呼唤、需要我时，我都听不见。

自从小女儿出生以后，我生活的重心就完全放在了小女儿身上，大女儿就感到她没有妈妈了，妈妈只爱妹妹，不爱她。而且，因为作业学习，我开始对她各种指责、抱怨。我为她不听话、不主动学习、不写作业而痛苦。其实她更痛苦，她找不到自己的家，她没有了妈妈，得不到关注，所以，她就通过各种不好的行为来吸引妈妈对她的关注……

来到虹汇学习之后，我学会了"看见真相"之器，我才知道女儿这一年来，为什么每天把作业拖延到这么晚，为什么总跟我闹。其实真相就是：她在通过写作业磨蹭这样的行为，来吸引父母的关注！

我终于看到真相了。

于是，我先抛出"忏悔"之器。

"对不起，妈妈确实是陪你太少了！"

"对不起，宝贝儿，你是天使，因为有你，才有了妹妹。妹妹小，妈妈照顾她多陪你少。妈妈还总是指责你，对不起！谢谢你的提醒，现在妈妈知道了，我以后会多陪你，每天都有单独陪伴你的时间。妈妈爱你，也爱妹妹，妈妈对你俩的爱一样多。对不起，宝贝儿，让你受委屈了！"

女儿听得眼泪汪汪，她的苦、她的委屈、她的不容易，终于被妈妈看见了。

"妈妈，我不想写作业，我想抱妹妹玩儿。"

"好的，妹妹最喜欢姐姐抱了。"

"妈妈，我想跟你睡，我自己睡不着。"

"好的，今晚妈妈陪你睡。"

"妈妈，我想吃妹妹的辅食。"

"好的，来，尝尝，好吃吗？"

"难吃死了，什么味儿都没有，妹妹怎么能吃下去呀？"

……

我时刻运用"满足当下"之器，看见大女儿的需求并尽力满足她。

接下来，我保持"觉知"，运用起"关注优势"之器。我不再指责她没有做到的，而是每天睁大眼睛，只看她做到的，哪怕只做到了一点点小事情，我都会及时肯定、放大、赞美。而对于她没有做到的，或做得不好的，我视而不见。

"哇，今早不用妈妈叫，自己起床，这么自律！"

"你这个字写得真好看！"

"这道题你都会做，好厉害！"

"你真是妈妈的好帮手！"

"今晚9点就完成作业啦，这么高效！"

……

每天听着这些赞美的话语，大女儿越来越敞开，越来越自信。

易反复是人性，为固化她良好的行为习惯，我又顺势拿出"酬赏机制"之器。

"你都有什么愿望啊？你平时都喜欢什么，想买什么呀？"

"我想玩超轻彩泥、做美甲、看奥特曼电视、看哪吒电影、吃冰淇淋、去方特游乐园玩儿、去参观周虹老师家、和周虹老师去泡温泉、去夜市吃小吃、坐飞机去草原住蒙古包……"女儿滔滔不绝地说了起来，眉飞色舞。

我一一记下，列了个愿望表，并把这些愿望按照实现的难易程度，分为短期、中期和长期愿望。

"要不咱们一起做个游戏吧？这个游戏能帮你实现所有的愿望！"

"好呀！好呀！"大女儿激动得一蹦三尺高。

"如果你能够每天晚上十点半点之前完成所有作业，我就奖励你一个短期愿望，你从短期愿望单中随便挑你想实现哪个。今晚做到，明天就兑现。"

我故意把完成作业的时间设置得晚一点，是为了刚开始的时候能让女儿更容易做到。

"好呀，如果我十点之前就完成作业了呢？"大女儿迫切地问道。

"十点之前完成作业啊？"我故作吃惊状，"那做起来好像很难啊？"

"如果我做到了呢？"大女儿期待地看着我。

"如果十点之前完成作业，就奖励两个短期愿望；如果九点之前完成，奖励三个短期愿望；如果一周能做到四次，就奖励一个中期愿望；如果一个月能做到三周，就奖励一个长期愿望！"我使劲咬咬牙，好像很心疼的样子。

"好，一言为定，拉钩！"大女儿迫不及待地伸出她那可爱的小手指头。

"可是，如果你没做到的话，就什么奖励都没喽。"我又趁机补了一句。

"嗯嗯，没做到就没奖励！"

大女儿激动不已，我俩一拍即合。

在"酬赏"之器推动下，女儿开始主动写作业，但偶尔她也会有拿不到奖励的时候，我允许！我不断运用"有所为有所不为"之器，放下期待，怀揣相信和成就孩子之心。我也持续使用"关注优势"之器，时刻保持"觉知"去赞美、鼓励孩子、成就孩子。慢慢地，大女儿每晚完成作业的时间比之前提前了一个多小时，还能跟我们打闹一会儿，然后开心地上床睡觉，一家人真是其乐融融。

我还不时地启用"实时探索未来方向"之器，展望未来，预设美好，让孩子对未来充满信心，踌躇满志……

我们终于一起"解恸出坑"了！

在这个过程中，我运用的"文化之器"主要有"感同身受""新物种""同理心""认同""正话反说""引导思考""解恸出坑""看见真相""忏悔""满足当下""关注优势""酬赏""有所为有所不为""实时探索未来方向"。

愿每一位读者都能拥有更多无形的"文化之器"！

借假修真

——八十岁老人从受害者转变为受益者

都说周虹老师有"神力",那些似乌云压顶之"迷局",诸如厌学辍学、抑郁厌世、家暴出轨、大额财富流失、家族企业受困,她都能抽丝剥茧般迅速让人重见光明,实现根本性扭转。

很荣幸能成为周虹老师的助理,使我能够近距离看到她波澜不惊地处理各类"大案要案"。每当助人解决问题时,她就好像变为一个身披黑袍的侠士,袍子之下不知藏着多少无形的"文化要器",只见她谈笑间随手一挥,那些"魑魅魍魉、妖魔鬼怪"便纷纷灰飞烟灭。

其中令我印象最为深刻的,是一位八十岁老人的求助,老人家多年来被一只臆想出来的"恶猫"困扰,天天夜不能寐、坐卧不安。

一见到周虹老师,老人就焦急地求助:"周老师,你快帮帮我,不论跟家里人怎么说,他们都不相信,还说我'迷信'。"

周虹老师说:"我信!"她拿起"全然相信"之器,"老人家,您不容易,您来说说到底发生了什么。"

老人急切地说着:"在我很小的时候,这只猫被我家人虐杀,场面很残忍。我三十多岁得过一场大病,病好之后就觉得这只猫总趴在我身上,它就是要来害我的。我还经常梦见它,有两次在梦里它把我的脸都抓烂了。 周老师,您快帮帮我，别让它再干扰我的生活了！"

在虹汇的私人定制服务中，周虹老师对客户"一眼万年"的神奇效果一直被外界所赞叹。这些都离不开在每个服务项目前期，虹汇专家团队共同对求助者生命个体的"全息"研讨，以及据此制定出的全面而细致的变道、改道方案，当这些缜密而充足的准备完成之后，系统的现场工作才会全面而有序地展开。

本次求助者的问题放在心理学范畴解释，是因为个案制造了一个假壳（猫）来掩盖她真正害怕的事情，老人掩盖的是对自己母亲非正常死亡的愧疚和恐惧，因此生活中问题百出，其实都是她不敢直面母亲而将恐惧转移的结果。

最终，团队定下的工作方案是：从外层问题开始，让老人逐个走出各种恐惧，转而认清每一个恐惧背后对她产生的正面作用，接受"善意"，达到"迁善"的目标，从根本上解决核心问题。

周虹老师一边倾听，一边飞速在黑袍下的神器中精准挑选。

她先请出了一样重器"借假修真"，它能扭转求助者对事情的看法，把她认为对自己有害的事情转化到有益的方向。周虹老师要帮老人认清：这只猫是不是真的要"害"她？如果不是，就帮助她消除真正的心魔，进而感受到各个层面对她的成就作用，重建老人的安全感。

"老人家，我会请几个人做代表，还原当时的场景，这样您会看清这只猫是不是要害你。"这时候，老师已经开启了"一眼万年"之器。

当周虹老师请上老人自己和猫代表时，时光仿佛倒流回老人的童年时代。

两个代表远远看着，慢慢地，猫代表开始往老人代表那边移动，并说：老人看上去既孤单又友善，我跟她有点同病相怜，想跟她在一起相互取暖。"

周虹老师继续启用"真相"之器，她问猫代表："你想过害她吗？"并用手指向老人。

"没有想过，我对她只有善意，就是想盯着她看，好像我们之间有些事情还没了结。"

老人愣了一下，表情由原来的言之凿凿变得有些茫然：之前认定了猫是来害自己的，现在怎么突然变成跟自己同病相怜了？她有点懵，当回过神来时，又喃喃自语："说得也对，我以前干活的时候它确实喜欢在我身边蹭来蹭去，我们俩在一起时有点像在相互取暖……"

看得出来，老人现在有一点相信，猫并无害她之意，只是心里还有很多的疑虑。

再看老人代表，先是心神不宁地走来走去，然后瘫坐在地上。

周虹老师启动"感同身受"之器，感受到老人此刻还有很多怀疑，于是问老人："我记得您说过小时候没有跟妈妈在一起？"

老人记忆的闸门一下子打开了："从小妈妈没时间管我，我跟着奶奶生活，爷爷去世很早，我没有见过他，奶奶一个人养大几个孩子，我从小就特别害怕奶奶有一天也会离开我……"

周虹老师继续用"一眼万年"之器启发老人："此时，您再看一看自己，是不是也像一只孤苦无依的流浪猫？"

老人缓缓低下了头，沉默之后，又缓缓抬起脑袋，轻轻点头："现在想想，当时是这样的……"老人已经开始在心中重现当年的场景了。

"当时猫并没有做错什么，是大人们脾气很大，怨气很多，猫就是他们的出气筒，后来也是因为这个原因被虐杀的……我跟猫是挺像的，也是大人的出气筒，所以我越来越小心，总是战战兢兢看别人眼色行事，压抑自己真实的需求。"

此时此刻，周虹老师启动"受害者"和"受益者"的双轨转换之器，老人开始真切感受到猫并不是施害者，自己也不是那个受害者，她的面容不再像原来那样紧绷、警惕，开始松弛下来。

周虹老师顺势引导老人继续去发现："您现在想一想，您为什么总会想起这只猫？"

老人想了想："因为当时家人杀了它，很残忍，我却没有勇气出手相救，心里特别愧疚，害怕它会来报复……"

周虹老师凝视着老人的眼睛："老人家，在当年所有在场的人中，只有您一直想为它申冤，您是如此善良，猫是不会害您的。"

接下来，周虹老师又请出"和解"之器，引领老人向猫代表鞠躬，并说："对不起，当年那么残忍地对待你，我们也为此付出了代价，对不起！"

周虹老师问猫代表："你原谅他们了吗？有没有想过要报复？"

猫代表说："本来更多的是害怕，现在听她这样说，就觉得没有什么了，没想要报复他们。"

这时，周虹老师请出"颠覆"之器，再一次问老人："您现在明白了吧？猫是不是要害您？"

老人的脸上还留着一丝不放心，她执着地说："我现在知道它不是来害我的，但还是想让它离我远一点，我不想看见它！"

猫代表显得有些失落，说："本来觉得没什么了，但老人这样一说，我就觉得她不知道我为她做了什么，有点自以为是。"

周虹老师转身果断请出"感恩"和"福祸相依"之器，她开导老人："您想想看，是不是因为这只猫，让您多了一份敬畏，这份敬畏是不是让您现在的生活更安稳？因为感恩，您是不是又能看到自己是多么有福气的人？"老人不停地点着头。

周虹老师又请出"破局"之器，问猫代表："你现在可以离开了吗？"

猫代表说："我看到了她的谦卑，她确实和之前不一样了，现在我可以安心地离开了，其实我一直都希望她好……"

老人轻闭双眼，双手合十，微微颔首，整个人都放松了下来，脸上的肤色也通透了不少。

在周虹老师重重"文化之器"的作用之下，老人长长地出了一口气。我以为工作已经结束，却见周虹老师拿出"大案要案"之器，俯下身子，盯着老人的眼睛说："老人家，其实您真正害怕的并不是这只猫！"老人不禁瞪大了双眼："啊！那是什么？"周虹老师一字一句地说："您最大的心病，是您母亲最后自杀离世的方式……"停顿了一下，周虹老师接着问，"至于要不要去看一下您和母亲之间发生的事情，我们尊重您的意见。"老人猛然像断线的风筝，摇摇欲坠，过了好一会儿才含糊地说："看，要看……"

（未完待续，后续故事请看《迁善——走出亲人非正常死亡的阴影》）

迁善

处众人之所恶 故几于道

迁善
——走出亲人非正常死亡的阴影

不论是让老人害怕的"猫",还是后来层出不穷的"要来害她的邻居、儿媳",虹汇专家团队已经在私人定制服务中确定,这些都是假象,老人真正要面对的核心是对母亲非正常离世的恐惧。

说到自己的母亲,老人欲言又止,两眼空洞地望着前方,喃喃道:"母亲在世的时候,她需要什么我都会尽量满足她,但是在情感上我们沟通很少,其他也没什么可说的了……"

周虹老师听完,轻轻展开"核心病灶"之器,耐心地开导老人:"其实我们所有情绪的源头几乎都来自父母,如果我们与父母之间的心结不打开,就无法从根本上解决问题。"

老人好像猛然被"激活"了,夜不能寐的日子是她无法回避的事实,心里"有鬼"必须面对。

周虹老师已经读懂老人的心思:"老人家,咱们继续来看家庭系统排列现场代表们的反应吧。"

在前期的方案准备中,周虹老师已经确定了解决老人问题的关键点:引领老人走上"迁善""福流"之旅,最终让老人来到内心安定之境。

老人父母的代表上场后,老人代表顿时泪如泉涌,她说:"我好害怕,但是不清楚怕什么……"

周虹老师请出"观想"之器，请老人站在自己的代表身边去感受。老人面无表情，与代表的表现反差很大。

此时，老人母亲的代表却紧闭双眼，喊着："我怎么找不到我的女儿？我看不见她！"

这时候，老人再也把持不住了，难掩满脸的痛苦与纠结。她说："我知道了，我怕妈妈看见我，因为我心里'有鬼'……她最后的日子那么痛苦，我却视而不见，好像那样做才能撒出我心里埋藏多年的气……我给了她物质上的满足，内心却并没有真正地心疼她，我知道她为什么会自我了结生命……我怕妈妈，怕她死了也不会原谅我、放过我。"

老人此时就像是一个赌气犯错的孩子，她的生命之流被卡在了哪个年龄段？

周虹老师引领老人来到母亲代表面前："有什么心里话，都跟妈妈说说吧！"

过了好一会儿老人才开口："我是家里第一个孩子，三岁的时候弟弟出生，妈妈让我跟着奶奶。妈妈经常会因为一点小事就打我骂我，说句大逆不道的话，我当时真的恨她！奶奶和妈妈关系不好，我就站在奶奶一边，不叫她妈妈，她就更变本加厉地骂我、打我。我也恨父亲，恨他没本事，管不了妈妈。我还恨爷爷走得早，要我来陪着奶奶。我也恨奶奶，因为她，我无法和母亲亲近。"

周虹老师认真地听着，然后适时请出"反省"之器。

"当妈妈有一天真的自杀离开我的时候，我有一瞬间甚至是开心的，这么多年的恨终于扯平了。但是，我越来越失魂落魄，我逐渐意识到，这辈子我从来没有拥有过妈妈，没有好好体贴过她，没有和她好好说过话，当我觉得我的恨了结的时候，心里反倒空落落的。于是，我又开始恨自己，恨我再也没有机会向母亲尽孝，我以为折磨了她心里就平衡了，其实是在折磨自己，我良心有愧，害怕极了，简直生不如死啊……"

此时，老人最深的怨恨和恐惧已经完全呈现。因为求不得，所以才会生恨，当我们的心被恨占满，就看不到爱了。

周虹老师请出"和解""清理"之器，引导老人回到小时候的自己，对着母亲代表喊出藏在心里的话："妈妈，我怕你、恨你……妈妈，我真的好怕你啊……妈妈，我是多想好好爱你呀……"老人跟随引导一遍遍喊出深藏内心的话，接着，整个人都松了下来，好像卸下了千斤重担，再也不用端着了，终于可以真实地做自己，也终于可以好好爱妈妈了。她总算明白：八十岁了，自己却还在找妈妈，还要她还自己一个公道。原来心里的"鬼"竟然就是自己。

为了让老人更加看清自己，周虹老师准备好了"止念"之器，请上老人的孩子们，老人代表述说着对每一个人的感受：

对儿子有极强的掌控欲，对儿媳妇自然也想不放过；

大女儿小时候经常挨打，有点心疼她，却不愿说出来；

对小女儿，心里多希望她是个男孩子呀！

周虹老师继续点醒她："有没有觉得您很像自己的妈妈？"老人这才意识到，原来自己活成了最不想成为的那个人——自己的妈妈。她一下子陷入了"难以置信"中，沉默良久。这么多年，她从来没有像这样观察、反省一下自己。

周虹老师取出"观心"之器引导："您的苦有多深，您的母亲经历得只会比你更多、更深！"

接下来，周虹老师又从历史观、维度观、宇宙观、价值观、人生观多个方面跟老人畅聊，和她探讨：天知、地知、人知、你知、我知……直到最后，老人频频点头："是的，我看到每个人的不容易和付出了，我真的不能再恨了……"

周虹老师又请出"忏悔""迁善"之器引导老人："我们来做点什么吧！"

于是，老人接下来做了一下这些事情。

她带着孩子们面对母亲代表，行大拜之礼："对不起，妈妈，是我冒犯了您！我一直都在气您，我错了！"

面对孩子们的代表："孩子们，我对你们做了很多错事，妈妈心里都清楚，只是我要面子，不肯跟你们认错。现在，妈妈向你们道歉。"

面对儿媳代表：你对我已经尽心尽力了，我看见了，虽然表面上我不会轻易认错，但在内心已经向你道歉。"

面对邻居代表："我一直找身边的人当替罪羊，来转移我内心的恐惧和愧疚，冤枉了很多人，对不起！"

面对自己的代表："我一直纠缠在当年找不着妈妈的怨恨之中，看不到她的不容易和对我的爱,现在我明白了,我其实是很有福气的孩子。"

当这些都做完之后,老人发现自己不仅没有崩溃,反而好像被松绑了,内心更有力量了,背也挺得更直了一些。

最后,老师又赠予老人"天道恨满"和"福流"之器,语重心长地跟她说:"老人家,您一直都是有福气的人啊,到了这个年龄,不仅身体硬朗还气质优雅,孩子们不仅事业有成都很能干,而且还很孝顺。您和孩子们一直都在代代相传的'福流'里面,但是'天道恨满',我们生命里总会有一些'无常'的事情发生,对这些,我们都要去接纳,多去看向我们已经拥有的。您一定可以轻轻松松长命百岁的!"

老人终于绽放出久违的笑容,决定放下过往,好好享受和孩子们在一起的晚年时光,享受自己的好福气。这也是周虹老师引领老人进入"迁善""福流"之旅的最后进程——"定境"之器。

一个月后,老人的子女向虹汇反馈信息:他们刚刚为母亲热热闹闹办完生日庆典。母亲对外界的信任日渐增加,虽然偶有反复,但只要他们一提醒,她就能很快恢复,他们的焦虑也随之减少。以前他们都觉得母亲对自己既严厉又疏远,现在他们能理解母亲了,并从细节上帮助、疏导母亲,老人也愿意听取他们的意见,竟然还开始夸奖他们了。

最后他们还说,感谢虹汇的私人定制服务,让他们和老母亲开始体验到一种全新的幸福感和安全感,全家人都感受到前所未有的轻松,他们对母亲的健康长寿都信心满满!

通过这个案例,我们也十分敬佩这位老人以及家人对虹汇的信任与行动力,自助者天助,我们愿意通过私人定制服务帮助更多的家庭拥抱幸福与光明。

作为周虹老师的助理,我也在协助老师服务和观察客户的过程中,收获着一个个文化之器:"全然相信""借假修真""迁善""核心病灶""万物有灵""感同身受""一眼万年""震碎""受害者""受益者""得道者多助""破局""感恩""和解""观想""反省""止念""观心""定境""天道恨满""福流"……

以无形的"文化之器"加身,我已信心满满地踏上助己渡人的文化福泽旅途。

有者常成

变道（上）
——打破母女难以沟通之僵局

我是两个女孩儿的妈妈，大女儿从小温和乖巧，身边许多妈妈都羡慕我："你家女儿的性格怎么那么好，就没见她着急过。"

我自己有时候也纳闷，不管我怎么急脾气，对大女儿发火，她要么不声不响，要么就是慢条斯理地问我为什么发火。

直到大女儿到了九岁，一切开始不一样了，她就像是换了一个人。

场景一

"用过的东西怎么不放好呀？赶快收起来！"

女儿没有任何反应。

"你怎么还不动，快点呀！"

女儿还是不理我，自顾自地起身往房间走去。

我腾地一下站起来，追过去推住即将关上的房门。女儿再也不像以前那么温顺，她使劲顶着，鼻梁紧皱，俨然一头愤怒的小狮子。

场景二

"时间快到了，赶紧走了！"

"快点儿，马上迟到了，就等你呢！"

"你们走吧，我不去了！"里边传来女儿不耐烦的声音。

场景三

"妈妈,跟你说件搞笑的事……"

我本想全力配合倾听回应,可是没一会儿就听不下去了:"这有什么好笑的?除了娱乐就是明星,能不能干点儿正事?气得女儿翻着白眼:"真没劲!"然后气呼呼地回自己屋了,撇下我自己干瞪眼。

这些场景曾经在生活中频繁上演,明明可以相亲相爱的母女,张口不是伤害就是冷场,能跟女儿顺畅沟通成了我梦寐以求的事情。也感谢这些痛苦逼迫我跟随周虹老师学习和成长,在老师对我施以重重"文化大器"之后,我开始成为一个重揽女儿于怀中,并且将许多无形"文化之器"藏于一身的母亲。

我没有料到,周虹给我的第一个重器竟然是"颠覆":孩子只有一个用途,就是用来爱的。

"你的女儿是勇敢'活出自己'的人,她现在对世界的信任是时断时续的,而其中的不信任就来自你——她的妈妈。想一想以往的日子里,你对她都做了什么?"

老师的话敲醒了我,让我看到了希望和方向——"在清醒时做事",我现在要踏上一条探索之旅,来重新认识自己和女儿了。

但是,爱是什么?怎么爱?为什么我跟孩子一说话就是要求、指责和不满?

"因果"之器

我想到了周虹老师传授的另外一样神器"因果":

—— 孩子是父母的复印件,孩子让你不满意的行为,都能从父母身上找到影子,是你自己先种下了一个因,所以才结了这个果。

—— "想解决孩子的问题,先问问自己:我怎么了?我还能做点什么?"

我开始了自问自答:

两个女儿,我为什么偏偏对大女儿有这么多不满?

因为我自己对老大有投射,从小觉得受姐姐排挤欺负。

我对女儿的主要情绪状态是什么?是爱吗?

不,我对女儿主要是嫌弃,不是爱,爱应该是无条件的,我却只想让她为我

"撑门面",成为我想要的样子,掩盖的是对自己的否定和怯懦。

"变道"之器

找到问题根源,我想起了老师的"变道"之器。从备孕开始,我就想让自己的孩子将来能跟我活得不一样,从小就能做她自己,可是我一点都没有做到。当妈妈也是分段位、要不断升级的,我不能按照惯性稀里糊涂地过了,我要用"文化之器"来改变我和女儿的关系。

"欣赏"之器

顺畅沟通的前提是认可对方,所以我首先要放下嫌弃,重拾对女儿的"欣赏"之器。

我翻看了大女儿从小到大的照片,孩子那曾经纯净、透彻的眼神让我心头一软。但不知从何时起,她的目光中有了茫然与躲闪,她的这种变化全是因为我啊!此后,我经常回想大女儿那瘦弱而坚定的身影,从而固化我"心头一软的爱"和欣赏的感觉。当我再想对她苛求、指责的时候,我会用心去感受她的需求和优势,强化对她无条件的欣赏和爱。

"欣赏"之器确实让我对孩子的负面情绪少了很多。

"闭嘴""跟随"之器

在还不能理解大女儿一些做法的时候,我就先用上比较保险的"闭嘴"和"跟随"之器。

大女儿不喜欢早起,想在早上多睡一会儿,便说:"妈妈,把早餐带车上,这样不浪费时间。"

晚上放学回家,她要先尽情地放松自己,看电视、跳舞、跟朋友聊天……甚至我都不知道她是什么时候完成作业的。

经过多次调整,我渐渐可以提前带着可口的早餐上车,面对匆忙赶来的女儿不发脾气,即使她急,我也不躁,多数的回应都是"嗯,好的,可以",表情也逐渐做到比较轻松。

面对孩子不及时写作业,我也可以做到不要求、不评判,专注做好自己的事。我知道,能够做到这些,是因为我的关注点在改变:不再盯着孩子是否会迟到，会不会完不成作业，而是关注我自己的事做好了没有，我能否在约定时间做好准备，我的情绪管理得怎么样，有没有对孩子做到没有评判地回应。

神奇的是，孩子的急躁和抱怨少多了，出门时间稳步提前，还会时常跟我说她的学习规划。学期结束的时候，她的成绩进步了十多名，进入班级前十名。

女儿和我之间的冲突大大减少，我们有了初步对话的可能，但在这个阶段，我比较被动，而且谨小慎微，距离顺畅沟通还差着一大截。

继续跟随周虹老师学习了一段时间后，我知道自己需要升级段位了，从"闭嘴"走向"有趣"，把"跟随"变成"支持"。在虹汇浩瀚的"文化器库"里，我找到了几件"神器"："眼色""成就""趣味""开心""相信""肢体语言"。

"开心""相信"之器

每一次回家进门之前，我就准备好了"开心"和"相信"之器，一改往常吊着脸、满是担心焦虑的沉默状态，保持自己积极的样貌："我回来了——"接下来便是各种令人欣喜的良性循环。

"趣味""肢体语言"之器

当我某一次的回应让大女儿觉得不满意时，她说："妈妈。你真烦人！"这回，我不再失落地阴沉着脸，而是请出"趣味"之器，"嬉皮笑脸"地回她："你才烦人，烦人、烦人、烦人……"然后拿起"肢体语言"之器，去挠她痒痒，有时候还会她在前边跑，我假装在后边追，这时候，我才感觉到生活的价值和意义——原来生活是不需要那么多正儿八经的，有趣才应该是我们的常态。

实践证明，"肢体语言"是一件效果很好的加深情感之器，表现形式也很多，比如拥抱、亲吻、按摩、挎胳膊、搭肩膀……

不知不觉中，彼此的心门打开了，大女儿和我都在不断地放松，我们开始能够敏锐和准确地感知对方的喜怒哀乐了。

"眼色""成就"之器

这学期快结束的时候，大女儿兴奋地对我说，学校要进行话剧表演比赛，同学们说她的眼光好，让她负责为自己班里十几个演员挑选、租赁服装。女儿请我跟她一起去完成这项任务。

如果是在以前，我会发牢骚："这么多人的事，怎么就让你一个人去干呢？况且我也很忙，这个事前前后后很麻烦呢。"但是，现在我拥有"眼色"和"成就"之器，明白有成事之心，就有解决的办法。

我开心地答应了女儿，她开始高兴地跟我讲话剧准备过程中发生的各种有趣的细节。在挑衣服的过程中，我更是放手跟随，赞美她的眼光："不错，真好！特别适合！"

我看到女儿越来越自信，昂首阔步向前走着……

事情办得又快又满意，回来的路上，女儿兴奋地规划这么多衣服怎么往学校送等许多细节，还不停征求我的建议。看得出来，我们之间的沟通开始有了情感的流动，变得高效起来了。

如今，大女儿不但越来越能够向我自然地表达她的真实想法，而且在生活和学习上都有了自己做主的自信，连人也变得越来越温柔漂亮起来。

我终于走上了能够"识出"孩子是谁，并且不懈努力去帮助她真正做自己的那条充满希望与光明的道路——这次我是真的"变道"了。

写到这里的时候，大家应该已经明白：与孩子难以沟通是因为干涉、不相信孩子，没有关注自己的状态是否是孩子想要的。

所有"文化之器"的应用都是为了让家长把关注点放到自己身上，从而能及时、充分地给予孩子所需要的信任和支持。

在获得和运用这些"器"的过程中，我其实是最大的受益者：我开始做自己真正感兴趣的事情，比如关注美和人性、分享文化和助人，并且越来越有劲头。我还经常会用到"预设"之器，仿佛看到了十年后的女儿和自己：我们都拥有一份自己热爱和享受的事业，相互成就、彼此滋养。

『军势』历事炼性

变道（下）
——从沉迷游戏到热爱学习

现在，每当我看到儿子上网课时玩手机，我先是拿出"转念"之器——我不骂他、不打他，并告诉自己："现在的孩子都是'神孩子'，他们能一心八用，他可以边看手机边学会网课知识，孩子是可以的。"

"转念"之器马上就起作用了，我焦虑的心情慢慢得到了缓解。有可能您会说，这不是自欺欺人、掩耳盗铃吗？孩子明明是在玩手机，你却骗自己说他在学习，这样不是更加助长他玩手机吗？

非也！我也是通过不断地学习，才慢慢把"转念"之器练习得"炉火纯青"。刚开始，这个念头确实不太好转变过来，一旦念头转过来了，我们给予孩子的便都是祝福的力量，这是一股看不见的无形的力量。

随后，我拿出"安静"之器，直接从他面前走过，无视他边上网课边玩手机的行为，儿子连忙警惕地、快速地藏起手机，慌张恐惧地看着我。

"没事，你上课吧，妈妈还要工作呢。"我微笑着对儿子说。

儿子迷茫地、不敢相信地看看我，本以为会迎来和往日一样的怒骂，甚至痛打，但这一幕却没有发生，儿子心情忐忑地又接着上网课了……

这次，我家没有发生冲突，没有"鸡飞狗跳"，就这样安安静静的。在儿子上网课的这段日子里，我时刻都在用虹汇老师的话提醒自己。

"打骂孩子是父母无能的表现。"

"孩子只有一个用途,就是用来爱的。"

"做智慧父母。"

……

通过学习,我看到了儿子从小到大受到的委屈。我伤害儿子太多,忽视儿子太久,心中真的很愧疚。于是,在我酝酿了很久的情绪之后,拿出了"忏悔"之器:"儿子,妈妈想和你好好谈谈,可以吗?"和儿子面对面坐在床上,我温柔且坚定地看着他。

儿子点点头,没有说话,如果是以前,他肯定是逃避的。

"儿子,对不起!爸爸妈妈以前对你的教育方式简单粗暴,对不起!我们总是要求你、不尊重你。我们每天忙家里的生意,很少关注你的需求,我们知道你内心很痛苦,对不起!爸爸妈妈伤害你太多,我们向你道歉,我们保证以后再也不打你了……"

我还没有说完,儿子就泣不成声了。

我抱着儿子哽咽着说:"宝贝,对不起!妈妈错了,对不起!妈妈爱你……"我不停地向儿子道歉,儿子泪流满面——他内心的痛苦终于被妈妈看见了,我们久久地抱在一起。

接下来,我和他分享了自己这一段时间学习的收获,分析了我和老公之间的问题对他的影响,儿子也和我说了很多学校的事情,这是第一次我和儿子聊得这么久、这么敞开。

那晚,我们都睡得很香!

不久之后的一天,我正在忙生意的时候,儿子兴高采烈地跑向我,大声对我说:"妈妈,刚才上网课,老师提问的一道题我会做,我就抢答了。"

我知道"忏悔"之器起作用了。

"儿子,你太棒了!"因平时对孩子赞美太少,对于儿子这突如其来的转变,我一下子都不知道怎么夸赞儿子了,只会说"好厉害,太棒了!"

"我接着上网课了。"说完,儿子一溜儿烟跑了。

看着儿子的背影,我感觉像在做梦,因为我好久都没有见到儿子这么开心,这么活蹦乱跳了。儿子的生命好像突然焕发了生机，我的眼泪却止不住地流了下来……

孩子最近一点一滴的转变，我和老公都看在眼里。有一天，在和老公散步的路上，看老公心情不错，我随手抛出"看见问题本质"之器："老公，你知道儿子的问题是什么原因造成的吗？"我的声音温柔而平静。

老公沉默了一会儿说道："我们之间的关系应该也是其中很大一部分原因吧？"

我自责地对说："是的，老公，几年来，咱们的婚姻出了很大的问题，确实对孩子影响很大，但主要的责任是我，对不起，老公！"

老公愣了愣，看着我，表情有些诧异，我接着说："我和你结婚不是因为爱你，是觉得你家庭条件不错，嫁给你不会缺钱，你父母对我又好。但我不喜欢你，也不认可你，再加上工作的原因，我们两个一直是分居的状态，遇到问题就选择逃避，所以积累了很多问题。而我们却把气都撒向了孩子，孩子就成了我们婚姻的牺牲品，在这样的家庭环境中，儿子成长有那么多问题是正常的，都是我的错，对不起，老公……"

老公惊讶地看着我，过了很久，老公才说："小女孩儿终于长大了！我们家的春天要来了！"

我接着对老公说："通过这一段时间的学习，我才知道两性关系是家庭的定海神针，是孩子成长的基石，想要儿子健康成长，必须先解决我们之间的问题！"

老公突然有些愤怒，瞪了我一眼，开始质问："怎么解决我们的问题？你根本就不需要我，在家里我一点地位都没有，你把男人该做的事都做了，把挣钱看得比什么都重要，结果孩子没有照顾好，家里也是一团乱麻。现在我也很迷茫，不知道该怎么办，在这个家里，我经常感觉自己是多余的……"

我静静地听着老公的抱怨，内心没有一点情绪波动，要是以前，我和他肯定会大吵一架，然后不欢而散各自回家，陷入"冷战"。但现在，我是一个"藏器于身"的女人！这时，我拿出"停止对抗"之器，温柔地看着老公："老公，对不起，都是我的错，你说得都对，现在我意识到了，我改，我一定改！"

我能感觉到老公的愤怒在慢慢消退，但他还是沉默不语。

接着，我又拿出"正向思考""妻子位""母亲位"之器："那你看看，下一步我们该怎么做？我都听你的。"我温柔地对老公说。

老公还是不说话，但脸上的表情已经放松了很多。

"我不是个合格的妻子，结婚这么多年没有在'妻子位'；我也不是一个合格的妈妈，也没有在'妈妈位'，看似每天和孩子在一起，但我简单粗暴，不懂孩子，从没有用心发现孩子的需求，让孩子感受到爱。过去的生活已经过去，接下来，我想给你和孩子一个温暖的家，我真的不想再这样生活下去了。"我发自肺腑地说。

老公不敢相信地看着我，说："你真的想好了？"

"只要是为了孩子好，我怎么做都可以。"我的话温柔而有力量。

老公笑了起来："我这是沾了孩子的光啊！"

我也笑了："你命好，没办法啊！"

气氛和刚才比有了很大的转变，我俩都能心平气和地说话了。

老公接着说："孩子总是肚子痛，也检查不出什么原因，学习成绩那么差，怎么办？孩子不好，我们怎么能过得好？我们的生活模式不能再这样了，孩子的问题就是来提醒我们，路走得不对。"

我一边夸赞着老公，一边拿出"变道"之器："孩子已经在改变了，以后会越来越好的。我是这样打算的，你看行不行？等孩子开学了，我调整一下手里的工作，在学校门口租一套房子，以照顾孩子为中心，你看怎么样？"

老公连忙说："太好了，这样我也放心了。"

就这样，我们愉快地计划好了下半年的生活，夫妻关系的冰山开始慢慢融化。

孩子开学了，我们进入了一个新的生活模式。

我先拿出"赞美""成就"之器。

"儿子，今天开家长会时老师夸你是班里进步最快的，还夸你很有礼貌、遵守纪律，老师同学都很喜欢你！"

"儿子，今天碗洗得真干净，真是妈妈的好帮手！"

"儿子，今天房间收拾得好整齐。"

"儿子,今天表现这么棒,好好抱一下!"

"儿子,家里有你真好。"

这样的语言已经成为我和儿子的日常沟通模式,我每天夸赞儿子的话滔滔不绝,不仅在家里夸,还发微信朋友圈夸,并且让儿子看朋友圈里大家对他的点赞、夸奖和鼓励,借助他人之口夸赞孩子。就这样,不知不觉过了三个多月,儿子越来越开朗了,和我说话也越来越多,成绩明显上升,人也自信了很多。经常在我拥抱儿子的时候,他还抱着我转两圈,真是好幸福的感觉啊!

我同时启用了"酬赏"之器。

"儿子,谢谢你帮我洗碗,给,奖励你个红包。"

"儿子,老师今天在家长群里表扬你作业完成得好,奖励你红包。"

"儿子,这次考试提高了5分,这是你努力的结果,红包奖励!"

儿子在"酬赏"之器的作用下,不仅存下了自己的"第一桶金",而且开始真正地自主生活、自主学习了。

我们家在虹汇文化的引领下,每个人都在不断成长进步。我和老公也结束了分居的婚姻状态,带着孩子离开了生活14年的老家,在新的生活环境里,我和老公也开启了新的生活模式,我越来越看到老公是个能干、负责、有担当的男人,也更加佩服、崇拜他!

现在的儿子,已经长成一个又高又帅的男子汉,身材均匀、挺拔,看着儿子那帅气的样子,我满心欢喜。儿子的学习成绩也由班里的倒数成为中上等,数学成绩有好几次都考了全班第一,每天晚自习下课后,我们都会聊聊学校当天发生的事情,和儿子的沟通很顺畅。

"变道"之器让我们的家庭从痛苦、破坏之道走向了成功、健康、幸福之道!

现在回想起来,变道的过程在刚开始时是最难的,因为要和自己几十年养成的旧习性做斗争,需要持续学习才能突破困难。不吃学习的苦,就要吃生活的苦,在生活中,每一件事情都要有积极向上、成事的信念!我的习性经常让我"掉坑",经常走三步退两步,不知不觉就被旧习性拉回去了。刚开始学习时,我是一种隐忍的状态,不敢爆发坏情绪,压抑着自己,因为我知道,一旦控制不住，以前的努力就白费了，用"忍字心头一把刀"来形容我当时的状态再合适不过了。

当"灵魂无处安放"、情绪崩溃的时候，我就在微信群里写分享文字，向老师求助，老师随时拉我出坑，还传授给我"转移注意力""调侃"之器，谈笑风生间问题就被转移了。有时感觉心里的坎实在过不去，就找一个安静舒适的地方静坐，或者写下自己的愤怒和恐惧，然后把它撕碎，心里就会感觉舒服多了，这时候再看我面前的问题，思维就会变得清晰，也能找到更好的解决方法了。多"允许自己"，多给自己一些时间，发现自己的需求，满足自己！自爱才懂得怎么爱别人，持续去做，在正确的道上坚持，生活慢慢就会进入良性循环。

感恩所有的发生，感恩在虹汇一年多的学习经历，让我变成了一个"藏器于身"的女人。

现在，我经常在生活中运用这些"文化之器"："转念""安静""内观""满足自己""看见""同理心""忏悔""起心动念是善念""转身""接纳""放下期待""解脱""看见问题本质""停止对抗""正向思考""自省""变道""妻子位""妈妈位""承担""赞美""相互成就""酬赏""预设"……这些"器"让我成为一个内心强大的女人，让我有能力、有智慧经营这个重生的、充满活力的家庭，给老公和孩子一个温暖的港湾。

感恩虹汇，我预设了美好的生活，对未来充满期待。教育孩子、经营家庭，必须"藏器于身"！

向生而生

天使龙韬略

向生而生

——孩子轻生是替父母"背锅"

"为什么我无法正常上学,我是怎么了?我想跳楼!"儿子站在玻璃窗前大声呼喊,我和老公听得心惊胆战。

我是一名大学老师,正在攻读博士学位,却常常因过度担忧、恐惧而陷入自我否定和极端自责,我承接的家庭文化是一切以成败论英雄,我用这把标尺评判着身边的人。

老公对我百依百顺,从来没有因为我的哭闹无礼而"发飙",他总是情绪稳定、稳如泰山,我在他面前却是飞扬跋扈、牢骚满腹、无事生非。

我对儿子极度苛刻,要求完美。小时候他盛饭不小心洒在地上一点儿,我就对他施暴并让他罚跪,还制定书面的行为规范贴到墙上。从小到大,我用各种掌控换取了他优异的成绩,考入了一所好中学。现在我明白了,在儿子十五年的生命里,我一直用暴力的语言和行为约束、摧残着他,却毫不自知!

新冠肺炎疫情期间,我们被防疫隔离在家,儿子每天从早到晚不停地打游戏,上网课无精打采,作业随意应付。疫情过后,儿子的精神状态更差,经常嘴里念着:"我是怎么了?我想死。"每天睁开眼睛就先跟我们要手机,内心一番挣扎之后才去学校,到了学校也心神不宁无法正常听讲。每天儿子上学前,我看着他的那种状态坐立不安,实在无法忍受时就跑到楼道步梯间坐着,等他出门了我再回家。

我被折磨得形容枯槁，一语千行泪，眼神如刀子般剜向身边所有靠近我的人，我感觉自己是世界上活得最糟糕的人，没有未来，没有希望，人生的尽头似乎在向我招手。

直到孩子有了想死的想法，我才停下来回望自己人生中的种种，是想死的儿子推动着我和我的先生开始重塑良性家庭文化，"藏器于身"。

私人定制

万幸，虹汇的私人定制服务带我走出了茫茫黑夜，重见天日。

家庭系统排列（简称"家排"）之器让我认清所有：我一直停留在原生家庭的伤痛事件（死亡事件）里，进而悲观厌世，儿子在为我的厌世轻生"背锅"，用各种不良行为、厌学厌世吸引我的关注，同时也承接了我们悲观、质疑的家庭文化。

"觉察习性"之器助我看见自己过往的生活习性：习惯性认为自己是对的，没有承担起妻子和母亲的责任。"识人"之器让我认清老公是家中情绪稳定的人，孩子没有问题，一家三口最需要成长的人是我。对以上问题，虹汇给我指出了调整方向。

虹汇家庭文化家排特训营之旅

为了尽快帮儿子甩掉他替我背负的"死亡动力"，我们一家三口参加了虹汇家庭文化家排特训营之旅。

在专门为儿子准备的家排开始之前，儿子一屁股坐在地上："老师，我想知道我为啥想死？"

"你想死只是为了唤醒你的母亲，她的'死亡动力'被你承接，归还给她就好，你死不了，你会好好活着的。"周虹老师拿出"扭转乾坤定心神"之器，斩断他身上的"死亡动力锁链"。

"我宁愿自己去死也不让妈妈死，我要保护妈妈！"儿子一直守护在妈妈代表的身旁，护着"妈妈"说。在现场观看的我想起自己对他以往的"恶行"，感到无地自容。

"孩子，你一直在替妈妈承担，妈妈有她的命运，你自己活好，就可以了。"周虹老师一边为儿子做工作，一边对现场的家长们解释，"孩子的异常行为，比如注意力不集中、不写作业、厌学、辍学、离家出走、'瘾'症、愤怒、暴力、破坏力，等等，都是假象，有些孩子选择背负父母生命的问题，从而成为'问题孩子'。其实孩子本身没有问题，只是背负了父母的问题。"周虹老师摆上"因果法则"之器，警示现场的家长们。

"妈妈，我恨你！"儿子艰难地喊出这句话，其实这是他埋藏在潜意识里多年的呐喊，也是我内心深处对自己母亲的呐喊，多次呐喊之后，"清理"之器让儿子轻松了许多。

"我不会死的，即使我想死也不会死的，我要活下来！"周虹老师使用"正向引导"之器，推动儿子大声呼喊，坚定他一定会好好活着的信念。

"我一定会好起来的，但是要按照我的节奏！请爸爸妈妈不要干预我。"儿子突破层层枷锁，准备拿回属于自己的力量。

家排让儿子明白了"死亡动力"本不属于他，并把它归还给我及母系族群，准备轻装上阵迈向新生活！

向生而生

我也从厌世轻生的旋涡里面爬了出来，并学会了一套"藏器于身"的本领。

虹汇总监给了我"好运与阳气"之器。她告诉我："多在阳光下走一走，晒晒太阳！"多在太阳下散步、做运动，增加"阳气"，会带来好运；多穿清浅颜色、面料柔和的衣服，会焕发蓬勃的"正能量"生机。我一步步成为鲜活的人，儿子的眉头也渐渐舒展。

我又在虹汇课堂上学到了"有序"之器，一点一点把新房的家具添置齐全，将家里打扫得一尘不染，养花养草，安装"小水系"。屋里的花花草草、水流潺潺吸引孩子来观赏，偶尔与我们聊上两句，我和老公十分欣喜。

"我家的向日葵朝气蓬勃地生长着。"温暖如阳的向日葵经常出现在儿子的作文里，"向生而生"之器让我的儿子朝向光明。

儿子曾说要靠打游戏过日子，我选择接纳和跟随。我带他到一个电竞学校去体验，并做好了他留在那里上学的心理准备。然而他却坚定地告诉我，这不是他要的生活。经常使用"接纳""跟随"之器，我和儿子之间的关系融洽了许多。

我还学会使用"满足孩子需求"之器，每次回家都给儿子带好吃的。

"那个逼我学习的人又回来了。"是儿子曾经的口头禅，说完"啪"的一声关上卧室的门。

"这个带着各种美食的妈妈回来了。"现在儿子的声音里经常充满愉悦。

以前，我逼着孩子学习，用他的学习成绩来装扮我们的"门面"。现在，我知道很多稳定、深厚、高质量的关系都来自深层次的"链接"，来自无条件的爱，来自完全的信任与默契，这样的关系对彼此才是一种滋养。我秉承"父母宣言"之器，遵守诺言：孩子只有一个用途，就是用来爱的。

我要带着"罪恶感"，走上平静忏悔、提升能量的道路，并启用"起心动念皆是善念"之器。我一年来的坚持给家里增加了"正能量"，对孩子的"负念"逐渐消散，避免了再次把孩子推向人生低谷，"正念"之器的力量如此强大！

平常心

"妈妈要好好地活，活到一百六，看着你结婚生子、生孙子！"

周虹老师嘱咐我用"催眠"之器为儿子树立信心，我自己脸上的"死亡之气"也在渐渐消散。

"我觉得活着比死好多了！"儿子也开心地回应我。

接下来，儿子的生活空间一步一步离开了那张狭小的床，有时会到楼下跟叔叔阿姨聊天，有时是一家三口去散步，我和老公的心情也轻松了许多。

然而，儿子学校突发一起跳楼事件，令儿子的情绪又陷入低谷。周虹老师传授我用"正常""接纳""看见""当下的觉知"之器支持儿子，拉他出坑。

"妈妈，我很害怕，我很难受。"儿子声音低沉地说，情绪低落。

"宝贝，你这种反应是正常的，班里的很多同学都有这种想法。"我拿出"平等心""平常心"之器回应他，为他的情绪找到出口。

"我现在什么都不想干，也不想学习。"儿子继续说。

"可以。"我用"接纳"之器迅速回应，儿子的情绪继续流淌。

不久之后,虹汇第二期家排文化之旅开始了。儿子积极主动、兴高采烈地去参加活动,在大巴车上还"吐槽"我对他学习的担心。他视虹汇的阿姨们为亲人,逢人便说:"我妈妈来虹汇后进步了!"

我持续"藏器于身",半年之后,儿子已经元气满满,恢复了活力。

儿子现在非常努力地学习,还坚持发展自己的篮球爱好,中考成绩优异。我每天运动、读书、听音乐,快乐生活,家里一尘不染,我家已成为"文化熏习"之家。

厚行

大盘

企业成功文化六要素
——企业主财务观置顶

众所周知，虹汇多年来通过"藏器于身"挽救了很多家庭。其实，虹汇还将这些"器"传授给很多做企业的人，让家家户户都持续过上成功、健康、幸福的生活。我就是受益者之一。

我曾经陷入了一个怪圈：公司经营多年依然捉襟见肘，每次钱来了好像很快就会被一个黑洞吸走一样。拆东墙补西墙还能凑合过，但是新冠肺炎疫情暴发后，公司的经营受到了很大的影响，这个窟窿更加明显了。

那段时间我最害怕听到短信响和看到大哥的来电，心里非常恐惧和焦虑。因为短信是提示信用卡还款的，大哥打电话是催我帮他还房贷的。

身怀六甲的我身上背着这两座大山，压得我快趴下了。一天，我静下心来，想起虹汇曾给过我们的"觉知当下"之器，我觉知此事已经开始严重影响我的生活了，如果继续视而不见，后果将不堪设想，所以我下定决心要挽救危机重重的企业。

带着"为什么留不住钱"这个问题，我求助了周虹老师。

老师气定神闲地带着我用"全息之眼"之器放大我所有的困境。我留不住钱的问题，出在我与原生家庭的关系中。随后周虹老师又运用"企业组织系统排列六要素"之器展开了对我和企业的"重组"。

第一要素：尊重并承认事实原貌

企业经营要尊重并承认事实的初心、初衷。

老师问："公司创始人是谁？创办公司的初心是什么？您是什么时候来的公司？"

我回答："创始人是我大哥，创办公司的初心是把它作为送给我的嫁妆，我是从公司成立初期一直同公司共发展的。"

"公司是因为你才存在的，所以从深层次来说，你也算是创始人之一。"

听老师这么一说，确实如此，此前我糊里糊涂地只闷头干事不看路，一直认为这是大哥的公司，内心并没有认可自己也是创始人之一的事实。

第二要素：施与受平衡

意思就是说付出与收获要持平，不能失衡。

"请问你大哥现在参与公司经营吗？承担公司的开支吗？"

"从公司成立三年后，大哥就去了河北，当时他是远程扶持我经营。大概五年后，他就几乎不再参与公司的任何事务了，但是公司的经营利润依然要负担大哥每个月的房贷以及他家里的生活费。当时公司确实是盈利的，不过每个月的利润全部被大哥家所用，这一点我是愿意的，因为我有感恩之心。令我痛苦的是，直到现在，公司每个月还要帮大哥还4万元房贷和20万元信用卡，造成了公司账上月月清零，时间久了，就会觉得自己很没有成就感，甚至造成自卑和低价值感。"

"其实，这些年你的企业施与受完全失衡，只是到今年你才意识到。"

全力经营着公司，自己却没有享受相应的利润，违背了施与受平衡的法则。

第三要素：人人都有归属的权利

所有的有形和无形的事物都有自己的归属。

"你知道人需要有归属，归属穷人还是归属富人，归属哪个国家、哪个民族、哪个省份、哪个城市。你觉得你的公司有归属吗？"

"公司应该是归属于老板吧？"我答道。

"是的，但是回望一下你的公司，它有归属吗？创始人是你大哥，但是他内心是要把公司送给你的，你却一直认为公司是你大哥的，公司会像没娘的孩子一样没有明确归属。你醒醒吧！如果早一点'认亲'，接过来这个权力棒，你就不会这么痛苦了。"

是啊！大哥已不参与公司经营了，但我从不曾想过要把公司接管过来，让公司有归属感。

原来，我违背了这么多成功法则！

第四要素：先到者位阶优于后来者

对于一个企业，最先到者就应该列第一位，企业管理要遵从这个序位。

"公司的创始人是你大哥，创办公司的初心是送给你作为嫁妆，你要永远铭记并感恩他，在公司的序位上，你大哥永远是第一位。你跟大哥其实缺少一个交接权力棒的仪式感，那么借着今天这个机会，我们复盘一下回到五年前，我代表你大哥，今天和你来做一个正式的交接，把公司的权力棒交给你。"

老师抱着一尊聚财蟾，双手递给我。当我接过这个权力棒后，是发自内心的开心，不禁笑出声来。此刻，我不仅是接过了公司的权力棒，还代表着我从这一刻开始，我不再是被大哥保护的小姑娘了，而是一位企业老板，从此要做一位成熟的"大女人"。

第五要素：承担较大风险者优先

公司的最大利润，要由承担公司较大风险的人优先享有。

"现在公司所有经营利润都被大哥拿走，公司风险却由你一人承担，完全违背了这条要素，长时间下去企业是要被拖垮的，公司的命运可想而知！"

我意识到当我承担了公司经营的所有风险，却没有享受相应的利润时，公司会有巨大风险。

第六要素：在正确的位置上能力被承认

公司所有成员都要稳稳地守好自己的岗位，为自己岗位做出的付出要得到承认和认可。

"首先，你的位置是错误的；再者，你的能力从来没有被认可。你大哥是创始人，后来一直是你在经营，证明你是有能力有才华的。但公司上下并没有员工公开承认你是老板，你大哥也没有承认，你自己更不承认。"

"是的，我在公司更像一名员工。"

老师为了让我更清晰，举了个非常形象的例子："比如，一对夫妻从男方家庭继承了其家族企业，但男方没有能力，一直是这位太太在进行实际的管理和经营，但太太的付出一直不被认可，大家都还认为老板是他的先生，那么这个企业始终是摇摇欲坠的。直到有一天，这位男士对大家说，这么多年，他的太太为公司付出最多，没有她公司不会经营这么好，这样一来，公司一下就顺了。"

见我在思考，老师接着说："所以你要学会承认你自己。你回望一下你为公司承担了多少？这些年是谁给大家发工资并完成业绩的？每天负责公司正常运转的人是谁？'滋养'公司的人又是谁？"

"是的，负责经营让公司正常运转的是我，给大家发工资的是我，'滋养'公司的也是我。"

经过老师诊断治疗，原来我违背了经营公司的全部要素，"隐形权力线"之器让我认清了我要做出调整的方向。

我要"归贵位"了！

隐形权力线浮出水面

我带着"罪恶感"上路了，告知大哥从这个月开始我不再承担他每个月还房贷的义务了，他的事情他自己要负责。

接着，我取出"横刀立马"之器"归贵位"，在公司召开了全员大会，正式宣布："这个月我跟大哥正式交接权力棒，从此这个公司跟我大哥没有任何关系，请大家明白这一点。我不再推卸责任，不再当'清白者'，希望大家齐心协力跟随我，我才是你们的老板。"

现在距老师给我进行公司"重组"刚好一年的时间了，经过这一年的改变，公司从危机中恢复生机，去年还是发不起工资的状态，现在已经把拖欠员工的工资补发完，还扭亏为盈。"财务观置顶"之器已深深藏之我身。

同时，我还藏"信"之器于身，我相信在我的带领下，公司会越来越好，成长为一个健康、强大的公司。

"藏器于身"，服务社会

我从周虹老师那里学到了经营公司的很多"文化法器"。比如，我用"高维""利益众生"之器开始关注我服务的企业，发现每家企业都存在违背企业成功文化六要素的问题，我便使用我藏之于身的"器"服务和帮助更多企业。

"无形皆无价"之器：一家企业一直在用毫无价值的旧体制经营公司，企业主对我提出的建议非常重视，把公司的"旧文化"淘汰，建立起新的公司文化。启用"新文化"后，公司现金流当月增长三成。文化看不见摸不着，但却是影响有形资产的重要杠杆。

"企业／家庭储备金"之器：经历了去年的新冠肺炎疫情后我才发现，在关键时唯有现金才能续命。我呼吁公司服务的几百家企业，无论以前有没有企业储备金，从这一刻开始准备储备金。今年河南遇到了特大暴雨和洪灾，之后我采访了我的几位客户，因为这些企业平时有储备金，公司员工内心比较稳定，所以在灾害面前非常镇定，没有造成很多内耗和焦虑。

"自定义成功"之器：新冠肺炎疫情影响整个经济体系，所有企业日子都不好过，我用"自定义成功"之器让一位农业种植企业主看到了希望。他因洪水淹没了农田而感到焦虑，当我说他已经取得成功时，他愣住了。"因为你的员工无一人遇难，在这样的情况下，这就是成功！"这位老板茅塞顿开——原来成功如此简单，以前自己太狭隘了。成功不仅是一夜暴富、登上富豪榜、成为有多大权威的人，有些成功不是与别人比较，能够在"特殊情况"中止损，就可称为成功。能时刻自定义成功的企业主才能走得长远。

"时间维度"之器：我帮助一位女企业主做到了鱼与熊掌兼得——其实我们可以在企业经营的同一时间做很多高效能的事。

"利他"之器：我帮助一名企业主成功签单。世界上最强大的商业模式就是"利他"，你为别人创造多大价值，你就拥有多大价值，就能获得多大价值。

"捭阖"之器：帮助企业主在错综复杂的经济改革之势下能够收放自如。

"变道"之器：让企业主学会自我变道变强、不等不靠，成为时代革新者。

不知不觉中，在周虹老师的引领下，我已是个集"企业文化六要素""信""利他""捭阖""变道""自定义成功""时间维度""储备金""横刀立马""利益众生"之器于身的女人，走遍天下都不怕了。接下来，我还会继续"藏器于身"，做一个"文化之器"的收藏家。

大孝终身慕父母

大孝终身慕父母
——孝义天下之与父母和解

从小到大，我一直特别害怕我的母亲。近日，我用在虹汇学到的"文化重器"治愈了困扰我多年的心病。

一个人与父亲的关系影响其与事业的关系，与母亲的关系影响其与金钱的关系。圆满融通的父母关系，是人人必备的成功之器。

2021年初，在虹汇《孝义天下之大孝终身慕父母》课程期间，我收集了不少"和解"之器，从此踏上了自我疗愈之路，成功与父母和解。

"看见彼此"之器

一个初夏的早晨，我来到父母家中，郑重地邀请二老坐下来，望着他们的眼睛说："爸、妈，今天女儿有很重要的话，想跟你们敞开心扉地聊一聊。"妈妈不耐烦地看了我一眼，和父亲一起坐上沙发。我深呼一口气，恭恭敬敬向他们先深深地鞠上一躬，父母怔住了……

起身后，我在他们面前坐下，紧握父母的双手，拿出"看见彼此"之器说："爸、妈，我们有好多年没这么坐下来好好地看看了吧？"他们奇怪地瞟了我一眼："有啥好看的？不都是这么看着你长大的吗？"妈妈说着眼睛看向了一边，爸爸的眼神也是飘忽不定的，我感受到他们有点不自在。

这时，我不再回应什么，尝试着直视父母。慢慢地，父母的眼神开始朝向我，当我们眼神相对之时，我心里颤了一下，他们的眼神已不如年轻时那么有神。我眼睛一抬，看到了父母两鬓的白发、满面的皱纹……泪水忍不住夺眶而出："爸、妈，这么多年你们辛苦了……"

"好孩子……"妈妈的回应也让我大吃一惊，这一声我等了太久。那一刻，我已是大声啜泣。透过妈妈泛着泪光的眼睛，我好像看到了父母过去这几十年的隐忍、负重、委屈以及无力感……我不由自主地站起来抱了抱父母。我能感受到他们还是不太习惯，有点紧张。我这时才发现，妈妈原来没有我记忆中那么可怕。

"传承美德"之器

我又向父母深深地鞠躬，顺势拿出"传承美德"之器："爸、妈，现在我想聊聊自己从你们身上学到的美德。"父母虽然不解，却还是接受了。

"爸，您是一个认真、严谨而又细腻的父亲，特别是从我小时候起您就用部队的方法教我整理家务、叠衣服、叠'方块被'等，练就了我的独立能力和动手能力，上学时我被选为班干部也是因为这个优势。您爱读书、写毛笔字、写作，您文学家的气息也从小熏陶着我，有一次，我的作文还成为全校范文，就是您带我去田间稻田亲自观察后回来写的那篇作文，您还记得吗？你还很孝顺、很有责任心、很自律……"

说完，我又面向妈妈说："妈，您是家里的老大，是最能承担、坚强、不怕吃苦、能干的人，您还是生活高手，手工活很细腻，做饭又快又美味。您一直都很勤劳、孝顺，遇到事情应变能力强……"

最后我总结说："爸爸、妈妈，在我心中，你们这辈子一直都是在无私地、默默地做事和付出，值得我用一生去学习……"

在我真诚的赞美中，父母真正地静下来了，眼睛里闪烁着泪花，原来他们这么多年的付出，也需要被看见！一种心疼的感觉油然而生。我再次起身鞠躬坐下，看着眼前的父母，感到他们陌生而又亲切，他们脸上早已没有了一贯的严厉，眉头舒展了许多，原来我的爸爸妈妈真的没那么可怕，我知道"传承美德"之器默默在回望中发酵了。

那一刻，我的内心变得丰盈了。原来，工作、生活中如影随形的能力，大都传承于父母的美德。

"疗愈内在忧伤小孩儿"之器

我让自己又回到了孩提时代，撒娇地拿出"疗愈内在忧伤小孩儿"之器："爸、妈，你们也一起来夸夸我吧！"原来，当爸妈真的一本正经地面对我时，我自己也是极其不自在的。

妈妈说："我的女儿一直是我们的骄傲，从小到大都很孝顺，很听话，独立能力强，特别是七八岁时就能带弟弟、做饭、洗衣，现在把自己的两个孩子照顾得也不错，明事理、招人喜爱，其实在妈妈心里呀，就是相信你什么都能做好，不用我操心……"说到这里，妈妈的声音变得有些沙哑，"妈对你其实心里有愧，想到你弟弟小时候那几年你也不容易，特别是烫伤那年……"

听到妈妈一句"你也不容易……"我又瞬间泪崩，多年来，我终于等到了这句话，"疗愈内在忧伤小孩儿"之器又一次升华。

爸爸却变得轻松起来："我的女儿从小能扛事、性格好、人缘好，从小就为家里承担了很多家务。参加工作后，年年获得荣誉，爸爸很骄傲，从来不担心……"说到这里，爸爸会心地笑起来了。

原来，我在父母心目中是美好的，原来过去他们的挑剔是想让我更好。我再一次被"疗愈内在忧伤小孩儿"之器深度击中。接着，我再一次拥抱父母，时间更长了，心更近了。

"和解"之器

心怀"和解"之器，我把心中积压已久的话和盘托出：

"妈，我怕您，我一直很怕您，特别怕您……"

"爸，我至今还无法释怀的是您对我的期待太大，嫌弃我只是个女孩儿，没上大学。您对我的婚姻不满意，特别是对我换了工作不满意……我觉得自己让你们失望了……妈，我看似很乖，其实很倔强，我不想什么事都听你们的！爸，我并不想让你们安排我的人生……"

爸爸说："你当初如果再稍微努力一点，一定更幸福！爸爸心疼你啊……"

妈妈说："小时候那么乖的孩子，为什么关键时候你就是不听话？妈妈那是恨铁不成钢啊！"

爸爸又说："现在，你也要学会放下一些心事了，心里藏那么多事能开心生活吗？学会爱自己，轻松点，命重要啊，妞！"

妈妈也说："你小时候为家里付出了很多，妈妈都知道，你也不容易，都过去了，现在过得好就好！妈现在都认了，这是你的命啊……"

"爸爸、妈妈，对不起，我看见你们对我的爱了，今天我心中的结都解开了，原来我误会了你们这么多年！"这次，爸爸妈妈紧紧抱住我，我感到，那个一直藏在内心深处的受伤的小孩儿终于被彻底治愈了。

"傻孩子，好好为自己活吧！"我第一次发现妈妈的声音竟如此温柔。

"其实你不说我们也知道！爸妈对你也有愧，今天都说出来，该过去了！"爸爸语重心长地说出了他们的心里话。

压在我和父母彼此心中的巨石终于被移除，心一下亮了，我卸下了千斤重担。原来，我的父母都是"藏器于身"的高人，他们早已"识得"我，而我今天才"识得"他们。

大孝终身慕父母！"和解"之器一次次让我的心门打开，对父母唯有仰慕！

"大拜"之器

"今天，就让女儿好好给你们磕个头吧！"五体投地趴在地上的那一刻，我闭上眼睛去静静体验，内心升起了自豪感。父母这次竟然没有拉我起来，他们的内心已稳稳地归于父母的尊位，我终于可以回归到自己的位置了，他们是最正确的父母，我只是他们的孩子。从今以后，父母是"大的"，我是"小的"，我会永远记住这个序位。

刚刚到底都发生了什么？当一个人"链接"上父母，"链接"上爱与财富的源头，就能接受到来自父母和祖先源源不断的祝福力量，代代相传。

做完这一切，我真真切切地感受到了父母祝福的力量。当我可以"藏器于身"，我便得到了与父母圆满和解的结果。

我把这次和解当作是我成熟的开始。

一个月后，更大的考验来了。女儿的中考成绩出来了，征求孩子意见之后，我们全家一致决定，让女儿走自己的不寻常之路，上她喜欢的中专。我心里很清楚，对于这个决定，我的父母肯定不会同意，他们对我孩子的期待比对我们的更高。

于是，我提前备好礼物，独自来到了父母家。很正式地请二老坐好，告诉他们今天有重要事情宣布。

"妈，宝宝的成绩已经出来，这次考得很好，但是我们全家都一致同意孩子去上中专了。"

妈妈一听，脸色就变了，冷冷地说了句："那怎么行！"

我再次看向母亲（现在我一点都不怕妈妈了），温柔而坚定地说："妈，这是我的孩子，这件事我们全家已经商量好了，今天过来，我只是告诉你们一声。"

我没有给父母开口说话的机会，接着说："所以，我对你们还有一个不情之请，请你们也不要再去'骚扰'宝宝了，她现在正开心呢。如果因为你们的打扰让她不开心了，闺女丑话说在前面，我们三个月都不回来看你们，说到做到。"

我第一次坚定而有力量地在父母面前捍卫我孩子的尊严，他们先是吃惊，互相对视后，就没有再说什么了。

走出父母的家门，仰望天空，我长长地舒了一口气，我真的再也不怕妈妈了！我是真正强大的母亲了！

两个月后，重要谈判来临，我成为谈判主谈。

原来，恩师说的都是真的，内在长不大的小女孩儿是无法驾驭大笔金钱的。当我跳出小女孩儿的模式，游走在成人世界，彻底告别恐惧，便"链接"上大财富！

在《孝义天下之大孝终身慕父母》课程中，与父母和解之器有很多："看见彼此""传承美德""忏悔""和解""爱""分离""汇合""大拜""序位""感恩""凝聚""疗愈内在忧伤小孩儿""成熟""滋养""感同身受""真情流露""长情沟通""和颜悦色""父亲事业""母亲现金""祖辈力量""祝福""慈悲平静""无言之言""大孝终身慕父母"……它们像天使一样，帮助我逐渐实现成为虹汇培优专家去助人的理想。

读者朋友，希望你能记住：与父亲的关系对你的事业影响很大，而你与金钱的关系则主要受你与母亲关系的影响。愿你出走半生，归来仍是少年，怀揣赤子之心，踏上生活的新征程！

义利相生

独有之人 是谓至贵

职场"眼色"
——孕妈咪也能职位稳定、收入增长

人生处处需要眼色,如果你在职场中拥有"眼色"之器,那么走向成功、幸福与健康之路会变得更加简单而顺利。

在一次工作会议上,只听老板厉声道:"工作几个月了,从不见你们发关于我们企业的微信朋友圈,真是让我有点心寒,难道你们有其他什么想法?"

我不禁打了个冷战,低下头,心里充满了委屈:她怎么会这样说我们?为什么非要发这种朋友圈?

"难道你们准备待一段时间就走吗?"老板的声音中充满了愤怒。

发关于企业和工作的朋友圈是我必要的责任吗?我们不就是舞蹈老师吗?教好我们的课不就好了?我一点也不服气,甚至有点鄙视老板,内心充满了对抗情绪。

我百思不得其解,向周虹老师求助。没想到,她的反应与老板是一样的:"什么,你竟然几个月都不在朋友圈发有关工作的内容?你现在看一下我团队的朋友圈,看看她们每天都在发什么内容?谁敢不发,我可能早把她们开除了……"天哪,我是来诉苦的,结果却竟然又被训了一顿。可既然周虹老师都这么说了,难道真的是我的错?

这时,周虹老师拿出来她的"换位思考"之器,语重心长地说:"从上班开始,是不是单位一直在供养着你?你老板迟发过你一个月工资吗?来,现在想象一下,此刻如果你是老板,你想要什么样的员工?如果你是中高层领导,你会怎么做?如果你是基层领导,你又会做什么呢?"

很奇怪,一冷静下来,我好像就被"换位思考"之器激活了,不假思索脱口而出:"老板需要靠谱、有眼色、积极、敬业的员工……"

周虹老师笑了,接着说:"站在老板的位置,你可知道通过朋友圈便可一眼识出谁是人物、人才、人手、人员、'人渣'?谁是重点培养的可造之材、谁是可堪重用的核心成员、谁是解聘目标?"

我不禁陷入深思:是啊,我是谁?我应该做些什么?"换位思考"之器已经开始引领我进行换位了。

老师看出了我的心思,接着问:"很好,此刻你再回到自己的位置,看看那个'任性的小孩儿',你能理解老板的用心良苦了吗?"

"嗯嗯……"我满脸通红,除了点头,语言已经显得苍白无力。"换位思考"之器让我一下子看见了自己那种小女孩儿一般不成熟甚至受害者的心态。

当我还无甚头绪之时,只听老师有点严厉地说:"现在,拿出手机,先真诚地用微信向老板道歉,再看看你老板的朋友圈最近在发什么,今天先发出三条,以后每天持续,坚持一个月,看看接下来你的工作会发生什么变化。"

"啊?道歉?现在就发……三条……朋友圈……"我顿时被"实操"之器砸懵了。

"能不能给我点时间啊?"我为难地乞求着……

"我也是一个企业主,如果我的企业员工全都如此耗费时间和精力,我培养她有何用?你现在看到真相了吗?问题到底出在哪里了?"周虹老师严厉的问话,一下子把我的执拗震碎了。作为一名员工,应该尊重和跟随领导,这不正是在老师身边耳濡目染的观念吗?我赶紧拿出手机"实操",现场道歉:"对不起,老板,我错了!今天,我的恩师周虹老师(她也是一个企业主)让我郑重地向您道歉,以后我一定听您的!"

没想到老板看到信息后,"秒回复":"没关系,你们还年轻,经历就是财富。你忘了,我曾说过,你是我们计划内培养的对象,现在多多历练,未来我们的下一个分部，你就是负责人。"看着老板回复的信息，我的眼睛竟有些湿润了：我的老板真的和周虹老师一样，处处都在成就别人，拥有大胸怀、大格局。

周虹老师这番手把手指导的"实操"之器果然神奇。于是我顺势拿出"执行"之器，连续在朋友圈发出了三条企业最新宣传。信息一发出，我就收到了老板的"秒赞"，这时，我忍不住当着老师的面哭了出来。

"好，孺子可教也！请记得回到单位后一定要再次真诚地当面向老板道歉，这是职场的'眼色'。"

"好的，遵命！"这次，我是胸有成竹地答应的。

第二天一上班，我给老板准备好新的杯子，倒好水，然后进行了一次非常真诚的道歉。一念之间，我重获老板信任，而那一幕，令我终生难忘。仿佛历经了千山万水，我的心终于从"焦虑"回到了"心安"。

可是不久以后，我发现自己怀孕了！本应开心喜悦的我，面对工作压力，心里却是七上八下。众所周知，舞蹈老师这个行业，一怀孕可能就面临失业，这是大多数同行女性的共性问题。

于是我又一次来向周虹老师求助。她胜券在握地说："你要了解老板的气量，对于人才的培养，老板们大多是'长期主义者'，只要是可用之才，老板们是愿意拉长线培养的。像你们这样处于'特殊时期'的员工，单位通常会采取提前将你们调整到合适的岗位，待身体恢复重新返岗的方式。其实，绝大多数单位或部门都想要那种能与单位一起'长跑'的忠诚度较高的人才。所以你可以放宽心，对于女员工怀孕这种问题，老板通常都是会提前筹谋的。"

每次听周虹老师讲话，我都觉得她的话仿佛有魔力，这不？我又立刻感觉释然了。

"做人要光明磊落，现在，你先去思考一下自己可以调整的岗位，然后和老板沟通转岗的问题，去看看老板的态度，去感受她的'高度'，你就会明白了。"

第二天，我把"有准备做事"之器藏于身上，平静而自信地去见校长："校长好，我要向您报告喜讯，非常感谢您的关心，昨天在您的提醒下，我已经做了检查，我真的是怀孕了。"

"真的，太好了，你不久就可以做妈妈了……"没想到校长比我还激动。

"对于工作，我想提前向您表个态——第一，我想一直跟随您长期工作下去。第二，现在对我来说，'特殊时期'来临，我听从组织安排，如果需要转岗什么的都可以，我愿意尽我所能去做一些适合目前情况的工作。"讲这些话时我虽然有点像在背台词，但我的态度是温柔而坚定的。

校长和蔼地说道："这是好事啊，你不必多虑，我和老板早已把你的岗位定好，目前暂时还是先教课，后期身体不适的时候，会把你安排到前台工作。"

"啊？真的又和'周老板'说的一样！"这次真的是见识了老板的格局，心中对周虹老师更是佩服得五体投地。我赶紧答谢："太感谢您了，校长，这一年里感谢您对我的栽培和照顾，我跟着您学到了很多，我一定会继续努力！"

原来，"有准备做事"是老板们长期持续坚持的一种"成功学"，而我只是一个刚刚起步的"小白"。

"生完孩子有人帮忙吗？"校长此刻话锋一转，关心地问。

"嗯，有！"我也铿锵有力地回答。

校长更加安心和满意了："你放心，我们等你回来，学校的大门永远向你敞开！"

此刻，那个曾经在我眼中只有严厉的校长，现在却是那么温柔和善解人意，除了被感动得一塌糊涂，我也看见了"有准备做事"之器带给自己的巨大收获。

"凡担当者皆圣贤"，原来正如周虹老师所言，我的老板和领导都是"高人"，她们用"情商做人、智商做事"，"大盘"之器早已运筹帷幄。而作为员工，我接下来唯有踏踏实实安心工作以回报。

一个月后，好事接连不断。

例会上，老板满脸洋溢着微笑："大家看一下我的截屏，杨老师最近对待每个客户事无巨细、亲力亲为的认真态度，对工作合理安排、提前完成的高效率，都值得大家学习……"突如其来的赞美让我有点受宠若惊，赶紧拿出"彼此成就"之器，"老板过奖了，我只是一直在向前辈们不断地学习，每个人都有很多优点……"

"杨老师，下个月新校长上任，你的岗位可能会发生一些变化。"校长总是有事提前交代。

"好的！"我居然回答得如此爽快，没有丝毫担心。

"杨老师，我要去找杨老师……"我的舞蹈班中的孩子们也不知不觉发生了一些变化，很多孩子都会提前到教室等我——她们越来越喜欢我了。

原来，"彼此成就"之器已成为我自身的"文化瑰宝"。

现在，我已经把"换位思考""实操""执行""眼色""大盘""果敢""有准备做事""敞开""彼此成就""情商做人、智商做事"之器一起纳入了我的"人生法器库"——我已是一个"藏器于身"的女人了。

如今的我，与自己的岗位及工作中的人、事、物都建立起了越来越紧密和深刻的"链接"，对领导越来越敬重，工作越来越主动。关于工作的调整变动，我尝试了前台、销售、市场等各个部门，以持续学习的态度去不断学习与精进。

因为"藏器于身"，拥有各种职场"眼色"之器，我在孕期这个特殊的职场阶段中，不仅没有丢失工作，还进一步丰富和积累了工作经验，从而收入稳定增长。相信未来会更加顺利和美好！

生态型人格

完善女人格（上）
——为何老公对我如此大方

婚姻就像找一个合伙人一起开公司。而我的婚姻，熬过了初创阶段的艰难，到了第十个年头，它没有蒸蒸日上、日进斗金、财富自由，反而走向相反的路——千疮百孔、苟延残喘、濒临破产。两个"合伙人"的心，伤痕累累，早想分道扬镳，但又不能当机立断结束关系，也无法没有内耗地好好过日子。

我埋怨他赚钱少、对我不好、不重视我，还曾失手打过我一个耳光，我刚生完孩子时他经常不回家，回家也不帮我照顾孩子……婚姻让我受尽委屈。

他嫌弃我俗不可耐、不可理喻、简单粗暴、花钱大手大脚还精神出轨……

以上种种，让我看不到生活的希望。

在我濒临绝望之时，我开始跟随周虹老师学习"藏器于身"。周虹老师把一件件无形文化之利器交到我手中，我也成了"藏器于身"的女人，我的婚姻生活也随之发生了质的变化。

在虹汇的私人定制服务中，老师首先使出"性别优势"之器。

"生孩子、养孩子，这是女性的优势和天命使然。如果给你一个天天做家务、给你带孩子的男人，来换走你现在这个会赚钱的老公，你愿意吗？"

我稍微愣了一下，连忙拼命摇头："不，不！我要的是'爷们儿'呀，我老公可是'纯爷们儿'！"

周虹老师轻轻的一句话，我好像明白了什么。

对呀！我总期待老公和我一样来照顾孩子，可是男女分工不同，我突然释然了许多。

我把这些话牢牢记在心里。慢慢地，从前那个怨妇消失了，变成了一位安静做事的女人。老公忽然觉得我变得忙碌了起来，不是在学习就是在工作，要不就是在锻炼身体、精进专业，很少再去烦他。而我则把精力放在自己身上，专心带孩子和工作，少了很多抱怨，忙的时候也学会了自我调整。

吵架需要两个人，当一个人停下来时，家里忽然安静了。

有一天，老公心情不爽，忽然说了很多激惹我的话，以前我就会掉进"圈套"，然后两个人吵个没完。那天，我看气氛不对，便动用了"不纠缠"之器："老公，我有个考试马上要开始了，我先去考试，等我考完回来咱们再吵好吧？"我说得既认真又有些顽皮，其实后来我们两个人根本没机会再吵。

我的努力有了回报，驾照考过了！老公特别高兴，我可以替他分担接送孩子的任务了。

"老公，我要好好感谢你，要不是你的鼓励和支持，我也不会这么快拿到驾照。"我拿出了"成就他人"之器。

"你还知道谢谢我，真难得。"老公很开心。其实老公要的并不多。

"自爱"是女人的"核心神器"。

记得有一天，我在虹汇上完课从郑州乘飞机回上海，在机场免税店中看到了自己一直想买的新款裙子，可是那一刻我却犹豫了，脑海里不断闪过：孩子的学费、老公的油费、我妈、我弟弟、我婆婆、大姑子、小姑子哪方面都要花钱。还是不买了吧？可又不想委屈自己，内心有两个小人打起架来。于是我问售货员有没有折扣和赠品，因为这条裙子是新款，所以没有任何折扣。就这样，我纠结了很长时间无法决定。

这时，我的耳边突然传来周虹老师的声音："吴晓鸽，如果明天你就死了，你现在买不买？"这咒语般的声音不停地在耳边回荡。接下来，我心里便有了明确的答案——果断刷卡结账。

穿上自己喜欢的裙子，我感觉自己简直美翻了：一头大波浪秀发柔软飘逸，身上散发着淡淡的香水芬芳，衣袂翩跹，摇曳生姿……

到家后，老公和女儿露出了像见到女神一般的神情。

"你看我妈妈多美！"女儿很是自豪，又说，"妈妈，你也帮我买一条新裙子吧，我也想和你一样美。"女儿也要做高贵女孩儿了，我感到很欣慰。

"妈妈，这次我的家长会，你去参加吧！"女儿满心期待。

"多少钱？1500元啊！有钱人，不过真的挺好看。对了，待会儿我要去朋友家，你陪我一起去吧。"老公诚恳地看着我。

那天应酬完回到家已经很晚了，我不禁反思，以前老公和孩子可能觉得我这个女人"拿不出手"吧？

现在，我的工作也变得高效，两性、亲子关系都超级好。

我更加坚定决心，要把"女人格"的"温柔、可爱、性感、有用"之器刻画在我的每个神经细胞里。"藏器于身"的我要积极行动起来，巩固战果，不能再让他们小看我。

这天，我忽然"链接"到老师传授的两性关系之重器"女人的在位"。在家庭中，女人要"在位"，只想做小女孩儿不作为，注定会给自己的婚姻挖坑。

等孩子休息了，我缓缓地坐在老公旁边，柔声道："老公，您看马上要过年了，父母亲戚朋友家都需要走动。咱们做生意这么多年，都是因为你的家人、朋友给了很多支持，咱们才越来越好。所以这次过年，我打算给爸买些好茶叶，给妈多买几件漂亮衣服。你好朋友家刚刚有二宝了，给宝宝包个大红包。还有咱家小公主的学费，都要提前打点……"持家承担"之器默默地工作着。

老公对我使出的"利他"之器感到非常吃惊，开心地说："那倒是。我这边忙，你要是能撑起来这些家事，我求之不得。你算一下，大概需要多少钱？这样吧，我先给你转20万，看看你的持家能力怎么样。如果可以，到6月份，我再给你转一笔。"

我简直不敢相信自己的耳朵，曾经不可能发生的事，就这样简单、神奇、真实地发生了。

我也因此被惊醒：如果不是我开始学习无形"文化之器"，如果不是我努力

"藏器于身"，如果不是我积极将这些"器"运用生活之中，我就可能失去如此简单纯粹而厚重的男人。

我收到了老公的"家用专款"，除了及时感谢老公的信任，我必须要做到继续在生活中好好使用"文化之器"。

2021年春节期间，虹汇要进行家庭文化之旅。我想老公生性简朴，常年为家里付出，如果直接说出去玩，估计不会同意。于是我先打扮得美美的——柔美的粉色毛衣、清爽的米色裤子、淡雅精致的妆容，等待老公下班，然后我们一起去外边吃了晚饭。

"真心疼你！"看到老公脸上的皱纹，我轻轻地抚摸着。

"今天你这是咋啦？"老公一边吃饭一边不解地问。

"咱们这个大家族，你家有那么多人，还有我娘家，这么多年，你都要照顾。你背的东西太多了，背都弯了，你太累了！"我心疼地说。

"男人不都是这样？"老公若有所思。

"别人家的男人有人疼，我家的男人也要有人疼。今年春节，你什么也不用考虑，我要让我家男人休息休息，咱们一起出去旅行。这次旅行，你只管放松就好，其他琐碎的事情全由我负责。"我有些动情了。

"你保证路上遇到不顺心的事，不吵来吵去的？"老公持怀疑态度。

"以前我不成熟，这次保证不会了。"我赶紧承诺。

"那可以。"老公放心了。

我的梦想又一次如此简单地三言两语就成功了，我越来越上瘾了，"藏器于身"太美妙了！

最近，我觉得家里早餐品种太单调，就去给老公买他喜欢吃的包子，老公忽然转给我3000元，说是早餐费。我正想说早餐费有点儿多了，却及时止住，转而向老公表达感恩。其实我去买早餐并没有想过要回报，我也有工资，虽然没有老公的多，但早餐还是买得起的，并且这也是作为家的女主人该做的。没想到，周虹老师教给我的"因果法则""信任法则""序位法则""平衡法则""施与受平衡法则"之器，都在我的生活工作中遍地开花。

如今，我的事业、生活、爱情都迎来丰收，这一次次的"藏器于身"带给我的好处，让我现在只对一件事情痴迷，就是对类似"全世界最珍贵的十大奢侈品"的"无形文化"之器的收藏。

我仅用了很少的"文化之器"，在生活中小试牛刀，就解决了长期困扰我的婚姻问题。我知道它们的力量有多么神奇和强大，所以真心希望读者朋友们都能拥有它们。

砥砺前行

积胜势于点滴

完善女人格（下）
——"掉线"的婚姻重新"上线"

作为女人，一定要"藏器于身"，更要藏"女人格"之器于身。

曾经的我是个愁容满面、不苟言笑、浑身僵硬的女人，见谁都抱怨自己的老公不好、孩子不听话，与老公一言不合就大吵大闹，孩子也叛逆厌学，我的生活简直糟透了。

直到我遇到虹汇，开启了家庭幸福文化学习之路，才明白良好的两性关系是家庭的定海神针。虹汇一直倡导女人引领家庭文化，对于我们家的情况，藏良性"文化之器"于身的周虹老师给我定下的方向是从修"女人格"之器开始。女人格包括温柔、可爱、有用、性感。

"温柔"之器

老师首先教给我"温柔""链接"之器，先从给老公洗脚开始。一开始，我只要想想那个画面就会不舒服，但为了家庭、为了孩子，为了自己不再痛苦，我心一横，豁出去了，洗个脚又能怎样？

还记得那一天，我颤颤巍巍地将一盆热水端到老公脚下，被他断然拒绝，我顿时羞得满脸通红，不禁怀疑：这个方法有用吗？可又一想，我哪是个容易放弃的人？下一次我一定要成功。

第二次，我改变策略，端来热水不容分说把老公的脚按了进去，他反抗了几下，看我不松手，只能乖乖让我给他洗脚了。这是我结婚后第一次给老公洗脚，竟然没有我想象中那样反感。

我摸着老公那双布满茧子的脚，突然"链接"到我和老公之间的点点滴滴。我们俩经历的一幕幕浮现在眼前，我不禁喃喃自语："这双脚，为这个家走过多少路，操过多少心，从开始创业时你东奔西跑地宣传，到现在每天起早贪黑地努力奋斗，我却从没有心疼过你！"

这样深情的表白，老公被吓到了："你怎么了？受什么刺激了吗？"

"没有，老公，我就是突然觉得自己非常不称职！你像燕子衔泥一样一点点为我们建设成了今天的家，给了我们今天的富足生活，而我却看不见，还以为都是自己的功劳。对不起，老公，今天我看到了！你辛苦了！"我的眼睛湿润了，眼泪一滴滴落在老公的脚上，他诧异地看着我，沉默良久。

没想到，"温柔"之器首先柔软的是自己的心……

"可爱"之器

老师说："夫妻双方往往是从身体碰触开始，链接到双方的情感需求。女人如果变得更加柔软、感性，会在与伴侣身体接触时激发出更高的'甜蜜浓度'，让关系越来越亲近。"

"可爱"之器，对于我这个无趣、僵硬的"女汉子"来说简直是"难于上青天"，但是我的内心已经开始变得有点柔软了，所以愿意继续努力尝试。

这天老公早上出门，我赶快跑过去："亲爱的，抱一下……"老公不知所措（这举动从来没有过）。老公晚上回来，听见门响，我赶快从厨房飞奔出来："帅哥回来了……"老公一脸诧异地看着我。我心里暗暗得意：你老婆可是有高人指点啊！没过多久，老公就习惯了我的这种亲密表达与热情。

有一天晚上，老公发来微信："晚上我不回家了，和同学一起在外地吃饭。"并发来与朋友聚餐的视频。以前的我会大发雷霆："无论多晚必须回来，不然我去找你……"此时，我想起老师常用的"同理心"之器，于是站在老公的角度思考问题，用温柔可爱的语气回复："老公，你和同学好好玩儿吧，这段时间你太累了，好好放松放松，爱你哦！"晚上十一点多，老公打来电话，我们俩聊了好久，那一刻，我感到我们的心越来越近了。

有一次他喝了酒回家，居然破天荒地坐在阳台上向我倒苦水："我好累啊！压力很大，我是最累的男人……"我不再像以前那样反驳他："我也要上班，还要照顾孩子照顾家，我比你更累！"而是紧紧地握住他的手说："我知道，借你个肩膀哭一会儿，你真的不容易……"

"有用"之器

"有用"是女人格里的"重器"。我与老公一起经营专卖店十几年，每天早出晚归，把挣钱当作第一位的事情，曾以为自己是挺有用的人。当老师给出建议，把男主人的位置归还老公，自己回归女人位，做一个"有用"的女人时，我才看到自己偏离女人轨道已久。

原来，我每天忙于工作，是为了用工作证明自己有用，而忽略了自己的女性身份。虹汇文化的"有用"，包含了很多内容，并不只是把家照顾好，更要懂自己、懂伴侣、懂孩子，及时满足各方的需求。我下定决心：把生意全部交给老公，给予他全部的信任，自己回归家庭。

那时，儿子上高三，女儿上小学四年级，我开始用心给家人准备丰盛的饭菜，孩子放学、老公下班回家，美味可口的饭菜就端上桌了，饭后还有时令水果拼盘。我还去学习了插花，从此家里每天洋溢着花儿的芬芳。

我还请回了"有序""整洁"之器，把家里所有角落都做了深度清理。收拾老公衣服时，我才发现自己好久都没有给他买过衣服了，袜子、内衣都是几年前的。我再次审视自己：这些年来，我这个妻子是多么不称职啊！我不禁湿了眼眶。

擦干眼泪，我赶紧为老公购置了一批新衣，并把卧室里最大的那个衣柜作为老公的专属衣柜，把老公的衣服一件件分门别类、有序整齐地安排在衣柜中，还他男主人的尊位。

看着干净整洁的家，我更深地体会到了"有用"的意义。

"性感"之器

有了以上这些成功经验，以前一直内心非常对抗的"性感"之器，我也开始跃跃欲试了，我希望自己有性感的身材！我为自己办了健身卡、瑜伽卡，准备增肌塑形。从此，我每天最少运动两个小时，半年后，我的身体更加柔软了，身材变好了，甚至恢复到十年前的"前凸后翘"，每次运动也顺便清理了很多不良情绪，回到家时总是怀着轻松愉悦的心情，看到每个人都觉得他们是那么有爱！

有一次，老公在出差期间发来他在公司总部的照片，照片上的他意气风发，精神抖擞，我马上回复："这风度，男神啊！"老公回来对我开心地讲："这次我又签了几个大单，下半年再给你换辆车！"我对老公说："你做生意讲诚信，处处为客户着想，朋友多、人脉广，所以咱家的生意会越来越好的……"

渐渐地，我和老公不再争吵了，和孩子也能顺利沟通了。孩子们回到家有热腾腾的饭菜、有洁净芬芳的环境、有美丽快乐的妈妈、有努力奋斗的爸爸。从越来越"用心"的相处中，我越来越多地发现了老公的优点：成熟、稳重、诚信、孝顺、细心、责任心强、处处为别人着想……我越来越崇拜身边这个男人了。

有一天，我突然接到一个快递电话，当我来到小区门口去取快递时，却看到一大束红艳艳的玫瑰向我微笑。接着，老公打来电话："老婆，生日快乐！"我瞬间热泪盈眶，结婚二十多年，第一次感受到老公的浪漫与贴心，我想要的幸福日子已悄然降临，真的好开心！

现在，我们夫妻俩经常在家里"撒狗粮"，连女儿都说"肉麻死了！"女儿现在的口头语是："妈妈，我现在特别快乐、幸福！"

去年，儿子顺利考上了他心仪的大学，为此，老公还组织了一家四口的贵州游：观看壮丽的黄果树瀑布、欣赏苗寨充满民族风情的舞蹈、品尝当地的特色风味小吃。听着他们爷仨爽朗的笑声，我感到从未有过的幸福。

现在，我常常感慨，如果当初自己没有遇到虹汇，没有遇到周虹老师，我现在会是什么样子？我们家会是什么样子？我上辈子一定是做了很多善事，才让我遇到周虹老师，从而成就了今天这个自信、成熟的我，我的家才能成为我和家人真正的温暖港湾。

如今，我也是"藏器于身"的女人了，"可爱""温柔""有用""性感""链接""有序""整洁"……这些无形的"文化之器"引领着我和更多的家庭走向幸福之路。

此外，我还开启了一份新事业：用我藏之于身的无形"文化之器"去助人，帮助更多家庭实现财富与文化齐头并进。

思维越狱

"转念"之器
——一念天堂，一念地狱

A女士与B女士同住一个小区，都有一双儿女，相似的境遇使两人成了无话不谈的好朋友。但两人的生活却大相径庭，A女士家里常常"鸡飞狗跳"——争吵不断、冲突不止；B女士却是小区里有名的幸福之家，人们经常看到她们一家四口其乐融融散步的和谐、幸福的场景。

一个周末的下午，A女士与B女士又相约在小区楼下带孩子们玩耍。几个孩子在踢足球，两人坐在一边的长椅上聊天。A女士穿着T恤，下面一条短裤，脚踩人字拖，T恤上还若隐若现一片黄渍，愤愤地说："你说咱住的是什么鸟不拉屎的地方？想带孩子去个游乐场或者采购一些品种更多样的生活用品都没有地方，去趟市里跟进城一样。"B女士则以"优雅"之态出现，身穿一袭改良式旗袍长裙，脚上是一双嵌着银丝的古典布鞋，既优雅又方便活动，温柔地劝道："虽然我们不是住在核心城区，但是未来的城市发展重心在咱们这里啊，这里是未来的城市中心。而且，我发现住这里还有很多特别实际的好处，虽然离市中心远了一点，但出行都是快速路，通勤时间比我以前住市中心还少呢。家门口就有一个大型体育场公园，平时带孩子活动特别方便。还有，因为是新小区，入住的人较少，停车特别方便，电梯使用也方便，咱们简直就像住大别墅一样享受'私家车库''私家电梯'。附近没有繁华的商业场所，可咱们省钱了啊！哈哈哈，还能多些陪伴孩子的亲子时光，简直赚大了……"——"知足"之器也随之而出。

看着B女士一脸幸福恬静的样子，A女士换了个话题说："唉，你看我老公，高、富、帅一样没有，毛病倒是一样不少。我们三天一小吵五天一大吵，真是过不下去了。"A女士对老公满脸的嫌弃之色，丝毫不加掩饰。

B女士顺势拿出"正观"之器循循善诱道："在我看来，你的老公挺不错的，赚的钱都拿回来给你养家了吧？放假时也会经常帮你分担家务、照顾孩子。他可能有些不善言辞，但我看得出来，他对你和孩子的爱都是用实际行动表达的。看一个人，不要看他说了什么，一定要看他做了什么。还记得那次你因为跟他吵架出去喝酒到半夜，回来时，人家焦急地在院门口等你，都忘了？"B女士调侃地看着A女士。

A女士被看得不好意思起来，像泄了气的皮球，低下头陷入沉思，老公的担当、责任，以及为家付出的点点滴滴的画面，全都浮现在眼前。这时，A女士的小女儿大哭着跑过来喊道："妈妈、妈妈，哥哥打我……"气急败坏的A女士走上前正准备训斥儿子，儿子先急躁地说："妹妹老抢我们的球，影响我们比赛。"两个孩子一个哭一个闹，A女士更是一个头两个大。

好不容易平息了一场战争，A女士像又想起一个有力证据似的说："你看你家俩孩子'兄友妹恭'的，看看我家的，天天打仗，养孩子真的好烦好累啊。"

看着A女士天天疲于应付的无奈，B女士毫不吝啬地使出"精进"之器说道："养孩子本来就不是件轻松的事情，我也一样啊。但话说回来，做什么事轻松呢？我有一点心得就是育儿其实是'育己'的过程，孩子不是管教出来的，而是看着、学着父母长大的。你优秀他就优秀，你如何待人接物、如何孝敬长辈、如何应对困难、如何生活，是精进自己还是放弃自己、是一地鸡毛还是井井有条，孩子都在潜移默化地受着影响。所以，你只要自己做好了，孩子自然不会差到哪里去。"

"怪不得我每次问你，你家孩子为什么学习好、生活自理、待人礼貌、讲卫生，样样都好，怎么培养的，你总说你没做什么，我还一直以为你不肯对我讲实话呢。"A女士不好意思地呵呵笑起来。

B女士并不在意，用出"起心动念"之器，继续说道："一念天堂，一念地狱。姐姐，你知道起心动念的力量有多么强大吗？对不喜欢的人、不好的事，当你调转方向去关注好的一面，会发现也没那么差，原来还有这样的优点，是他或事情变了吗？没有——人还是那个人，事还是那些事，只是你的看法不一样了。可能因为你的角度不再是挑剔、对立，对方能感受到你心中爱的能量正在散发和传递，那么他也会生发出更多好的善的回应——美好吸引美好！""吸引力法则"之器也是 B 女士掌握的众器之一。

  看了上面的故事，您是否会感到奇怪：为什么对于同一个问题，这两个人看法会如此不同？是不是那个 A 女士曾受尽苦难，事事不如意；而 B 女士一直都一帆风顺，本就夫妻恩爱家庭和睦呢？非也！其实，上面两个女人都是我，不过，一个是进虹汇学习之前的我，一个是掌握了多种"文化之器"之后的我，其中一个最重要的就是"转念"之器。

  转念，也许就是你生活发生转机的起点。

先机

灵魂伴侣

灵魂伴侣

——"大女主"挽救家族企业危机

在别人看来,我的老公是一个成功的企业家;而在我看来,他在情感上背叛了我很多年,他外边的女人已经无数次向我发起挑衅。

我们一家四口都出现了问题:老公赌博十年了,他对财富有破坏力,近期每天被"抑郁症"折磨着;我的身体频频出现问题,胳膊上经常起湿疹、溃烂;大女儿少言寡语闷闷不乐;儿子情绪不稳定,在外边动不动就很冲动,想对别人动武。

我一忍再忍,这样的生活我忍受了好些年,妥协和隐忍都无法解决问题,我决心终结自己和家人的苦难,于是到虹汇学习"藏器于身"的本领。

理论实操之器

"藏器于身"八个月后,在一个氛围比较好的晚上,带着"看见"之器,我向老公发起一轮声势浩大的心理战。

"亲爱的,咱俩来玩个游戏吧?"

老公觉得有点奇怪,但还是答应了:"好,玩什么游戏?"

我从抽屉里拿出提前准备好的蕴藏无形"文化之器"力量的书签,让老公一张一张地拿过去看,并让他把书签上面的字读出来。

老公有些怀疑地读着:"生意真难做……"

"藏器于身"的我选择了"多维度能量语言"之器(通过"高能量"的语言潜移默化影响对方)。我稍微有些紧张:"是的,我知道!"

他不敢看我的眼睛,继续读着下一张:"我已经给了孩子最好的了,我已经做到是好爸爸了。"

我慢慢让自己放松下来进入疗愈状态:"你说得对,你已经很好了,不能再更好了,你比很多男人做得好。"

老公点着头:"我已经尽力做到最好了,你们还要我怎样?"

我看着他回答道:"你说得对,已经很好了。"

老公不知不觉地提高了嗓门:"谁懂我的无力感?"

我继续平和地回应:"我现在——懂了。"

他显然被卡片的内容吸引声音有些低沉,好像感受到了什么:"事业上、情感上,没有人能帮我!"

真正听到从他口中说出这句话,我被触动了:"你真不容易!"

以前,总以为在事业上我付出很多,此刻,我看到了他承担得比我要多很多。

老公有些无力地念出下一张卡片的文字:"我好累!"

我怀揣"同理心":"我知道。"

老公还是不敢看我,换了个姿势继续读着下一张:"你们看不出来我的自责、内疚吗?"

我笃定地答道:"看出来了,我早就看出来了。"

男人此刻好像找到了情绪的出口:"谁知道我灵魂无处安放的痛苦?"

"现在我知道了。"我的鼻子酸酸的。

没有想到他能进行到这个阶段,他的内心被无形的"文化之器"震撼了。

老公进入了真正专注的状态,丝毫没有了防备:"为何控制不住自己?"

我调整了一下状态,身体往他的方向挪了挪,我俩靠得更近了:"这多正常啊。"

我俩享受着此刻这样的对话方式——全部是接纳,是"成就"对方,真的把彼此当成了"自己人"。

我对这些"文化之器"有些上瘾了,后悔卡片做得有些少。

老公长长地出了一口气："谁都放不下。"

我看着他的眼睛诚恳地点着头说："我现在知道了。"

此刻，他看我的眼神里流露出从未有过的丰富情感，让我感受到他对我产生了久违的信任。

在下一张书签中，他好像找到了知音："老婆为何不容我？"

我低头忏悔："是我不好，我以后会越来越容你。"

老公真诚地叹了口气读道："谁为我着想？"

我诚恳地点着头看着有些轻松的老公："确实没有，以后我会为你着想。"

接着，老公恨恨地念出了一口恶气："为何都在逼我？"

"不会了。"我摇着头泪水在眼眶里打转。

终于，看到他抽出我最在意的一张，也是我在过往虹汇的培优训练中最难跨越的一个领域。我深呼了一口气，听到老公的声音非常陌生："为何不能有多个女人？"

已经被虹汇团队锤炼无数次的我破涕而笑："你开心就好，姐让你开心，你想找几个女人就找几个吧！"

老公惊呆了，目不转睛地盯着我："你在嘲笑我吗？你让我找女人？你不难受吗？"

我真诚回应："我们都是自己人，你开心，我也会很开心。"

他又一次沉默了……

我真真切切看到他的内心有些东西正在土崩瓦解，看到"能量语言"之器在开启他新的生命程序。

我们静了一会儿，话锋突然一转："但是，你要弥补我一下，满足我一个愿望，让我一个人出去玩一个月……我保证不干坏事。"

老公的关注马上袭来："不可能，要出去玩儿，你可以带着孩子或者我陪你一起去。"

随着关注点回到了我身上，这场游戏结束。

老公深深地把我搂在怀里……

两天后，老公主动找上来聊核心问题："我真的很痛苦，她能哄我开心，咱俩在一起时为什么永远都是我哄你开心？"

我愣了一下（老公所说的"她"就是他在外边的女人），因为训练有素，"藏器于身"的我马上运用"柔语"之器回应："对不起，是我的原因，总是不关注你的需求，我也很自责。"

老公反问："所以，你就选择不理我？"

我真诚地说："对不起，我现在知道，你很难受，你不开心时，如果我不知道说什么了，请你允许我抱抱你。"

我敏感地捕捉到老公要聊的敏感话题，于是使出"隐身佛"之器（在生活中以"恶人"的方式警醒别人）。

老公问道："如果你是我，你会怎么办？"

我冷静地调频回到"师者"之器序位，淡定地回答："抱歉，我不能感同身受，但我知道你非常痛苦，因为良知让你分裂。请你此刻把我当成助人者，我才能继续和你聊这个话题。"

老公显得有些震惊，但他非常想知道答案是什么："好，你说吧。"

转换角色，我此刻是一位师者："先生，你老婆也参与了这件事，她也受到了惩罚……"

我继续彰显师者的本色："那位女士其实是你老婆心中的'隐身佛'，她用这种方式让你老婆下定决心学习诸多'文化之器'，成为一个'藏器于身'的女人。'隐身佛'是真的爱你，不然也不会无名无分地跟着你这么长时间，但是，她年龄不小了，青春不等人呀！"

老公专注地看着我。

我继续说："你心里放不下老婆和孩子，还有家族企业，你每天按时回家。你在虚荣心和从众心理刺激下，无法控制地爱着'隐身佛'，但是，这种快感是短暂的，要想内心满足、充实，你可以先尝试着去寻找更高级的快乐，比如寻找灵魂伴侣、使命感，探寻此生为何而来、文化与财富的传承……先试一段时间看看。"

老公听进去了，似乎明白了其中的核心动力："谢谢你！给我时间，我会慢慢调整自己。我现在终于感觉自己不再是身心飘荡在外面的人了。"

在接下来的日子里，每天晚饭后他都会和儿子去打篮球，对我和孩子更加细心周到，帮助我带孩子，支持我去学习"藏器于身"的本领。我们之间的关系得到了彻底改善。

再后来，老公安排我去见"隐身佛"的老板谈两个企业合作的事，整个过程非常轻松顺利，她对我先生说，她对我的感觉是高贵、优雅、笑容满面、低调谦卑、事业有成，还非常有耐心。合作顺利进行，老公对我的评价很高。

"系统训练技能"之器

实现这样的效果，"藏器于身"的虹汇团队帮助我准备了八个多月。周虹老师和虹汇培优专家们运用"系统训练技能""刻意练习"之器等梳理我的人生八大关系，有计划地从多维度、多领域、团队协作的方式，让我反复练习与老公的互动，达到由量变到质变的跨越，让我成为解决自己问题的专家。

和老公互动，是助力他释放自己内心最深层的焦虑和痛苦，通过我的回应去打开他的心结，从而达到疗愈抑郁的目的。

我根据老公的核心痛苦准备好卡片，每张卡片写上他无处诉说的隐藏很深的心理压力点（一句话概括），卡片数量不限。每次他念出卡片上自己无处诉说的苦，都是一次释放、清理。我用接纳、同情的方式回应，是多层次地加强释放与清理。

在进行"刻意练习"之器训练时，有些话我感觉很难说出口，感到非常委屈又有些屈辱。

周虹老师说："你现在是师者，你是帮助他疗愈的。"在老师的鼓励下，我越来越有师者之态，知道如何回应才能让对方的情绪充分释放。因为真正疗愈的其实是我自己，所以后来我便慢慢释怀了，感到无比轻松。在这个过程中，我也在清理自己的痛苦和焦虑。

跨过人生最难的那道坎儿后，我在培优专家这条师者之路上拥有了越来越多的无形"文化之器"："大女主""文化自信""福流之家""完善自我""姻缘具足""家庭系统排列""灵魂伴侣"……未来，这些"文化之器"可以让我在师者这条道路上帮助更多的个人、家庭、企业。

飞龙在天

亢龙有悔

从破坏王到成就王
——不再对生活事业搞破坏

前不久，我犯下了一件不可饶恕的错误，后悔不已——我与离职员工之间惺惺相惜，还傻傻地做了离职员工的垫脚石。这件事对我的生活和人际关系极具破坏力，让我损失惨重。我这才认识到：自己不懂得"识人"，没有敬畏心，挑衅权威，执拗而不计后果，把过多的精力消耗在了负能量的人身上。

接下来又发生了一件事情，让我又一次陷入痛苦。女儿在参加虹汇的一次活动中，和老师之间发生了强烈的对抗，这让我非常震惊。

"马上要进行最后一轮的互动体验了，这是生命中很重要的一次体验，谁还没有参加，赶紧准备了？"周虹老师环视着全场说。

"老师，我女儿不想体验。"我举手说。

"宝宝，赶快过来体验，最后一轮了，再不体验就没机会了。"老师走向女儿，温柔地对女儿说。

我也赶紧招呼孩子去参加体验，但女儿就是不去，坐在那里一动不动。

"全场一百多人，谁不服从指挥请离开课程现场，不要影响别人。"老师声色俱厉。但，女儿依然不动。

老师一直以来都是女儿最信任的人，女儿也一直十分敬重老师，听老师的话，她和老师之间的关系甚至比和我都亲密。我也从没有见过老师发这么大的脾气，还是在这一百多人的大课上，说话语气这么严厉，可见，这个体验有多么重要，老师多么想成就女儿。但是，女儿还是倔强地坐在那里一动不动，我看着女儿，心里有一种说不出来的滋味，感觉这个场景似曾相识。

想想前不久我犯的错，再看看现在女儿和老师的对抗，我忽然间好像明白了什么。这看似是两件无关的事，但却如出一辙，我忽然认识到：女儿已经活成了我的样子，成了我的翻版！那么执拗、倔强、不计后果地对抗权威，简直和我一模一样，我不禁吓出了一身冷汗。

我陷入了深深的反思之中：我和女儿身上都存在对抗权威的习性，这让我们几乎同时痛失了权威对我们多年的信任和培养，给我们的生活带来了很大的损失和痛苦。人生难得遇一贵人，而老师正是女儿的贵人，我不想让女儿以后重蹈我的覆辙。我怕了，我真的怕了。

不久后，我参加了虹汇的培优活动，它是虹汇为每一个客户量身打造的，能够深挖个人习性，突破自我习性，解决家庭、事业等问题，做解决自己问题的专家，成为一名助人者。

在培优活动中，老师和培优专家们通过对我一言一行进行细致观察和深刻剖析，使我深刻认识到自己潜意识中的一些不良习性：总想当老好人、遇事没有立场、在工作上对权威人士挑衅（主要原因是在潜意识中我和父母的关系存在着很大的对抗）、自大、执拗，这些习性对我过往的工作和生活造成了极大的破坏，致使自己人生中的各种关系也是越来越糟糕。

通过一段时间的培优活动，我渐渐成了一个"藏器于身"的女人，拥有诸多无形的"文化之器"，不再事事"搞破坏"，而是朝着成功、健康、幸福的方向去推进与发展；并且建立起自己的"成就他人"之心，把"成就"之器应用到生活的各种关系之中。

"成就"之器托举女儿

最近，我和女儿出去旅行了一次。在出发之前，女儿已经做了详细的计划，而我在旅途中还是会不自知地去干涉和掌控。

"好不容易安排一次旅行，看看你又闷闷不乐了，这条线路不也是你选的吗？怎么还不开心？"我不耐烦地说。

"烦死了，你啥都管。"女儿嫌弃地说。

我突然意识到自己又开始自大了，不知不觉又重拾"破坏"之器，我立刻保持"觉知"，拿出"成就"之器："宝贝，接下来的行程听你的安排！妈妈太自以为是了，对不起！你已经安排得非常好了。"我诚恳地看着女儿的眼睛说道。

女儿惊讶于我态度转变得如此之快，因为在以前，我一定会一直和女儿对抗下去，直到把双方搞得疲惫不堪。这一次，在接下来的行程中，我们再也没有争吵了。

在接下来的几天当中，我时刻带着"成就"之器跟随孩子，尊重孩子的想法，力所能及的事情都交给女儿来安排。于是我看到：女儿目标明晰、有全局观，还有很强的统筹能力、沟通能力、审美能力……一路上，我给予女儿的都是赞美和鼓励，女儿开心，我也轻松，这样的日子真好。

回想之前我们一家人出去旅行，我负责订酒店、安排行程、购买所需物品……真是费心又费力，安排、掌控着一切。旅行中，由于安排的行程路线不能满足孩子们的需求，孩子们满腹牢骚，我满腹委屈，结果很多次旅行都是冲突不断。

而这一次，由于我深藏"成就"之器，使女儿成为这次旅行的优秀总指挥、总策划。虽然在这个过程中我还是产生了一些破坏力，但我能够马上意识到问题，及时调整，是"成就"之器让我和女儿感受到了前所未有的轻松和成就感。

"成就"之器滋养父母

"妈，你做的饭没法吃呀，这道菜没有放盐，那道菜又糊了。"累了一天，回到家吃到这种饭菜，我瞬间黑下了脸，满腹牢骚一股脑倒向婆婆。

"我也不知道呀，年纪大了，记性不好了。"婆婆委屈地说。

之前的我就是这样，随时拿出来的都是"破坏"之器，以至于我和婆婆的关系越来越糟糕。

如今的我是"藏器于身"的女人，持有"成就"之器，我要时刻觉知"破坏"之器，不能让它再来破坏我的生活。

现在，当婆婆做的饭不可口时，我说："妈，您这么大年纪了，没事多出去转转，休息休息，以后我来做饭。"我和颜悦色地对婆婆说。

看到婆婆辛苦地打扫卫生时，我说："歇歇吧，妈，别打扫卫生了，咱们找个保洁阿姨。妈，你喜欢种地，我给你弄了个小菜园。"

婆婆看着小菜园，笑开了花，这是她想要的。

当拥有了"成就"之器，我开始关注婆婆的需求，我想成就她。

"看着你天天那么辛苦，我也帮不上忙。"婆婆内疚地说。

"妈，你做自己想做的事情就行了，你开心我们就开心！"我开心地说。

……

现在，家中经常能听到我对婆婆的尊重和关心的话语，我和婆婆的关系也越来越融洽，婆婆脸上的笑容越来越多，逢人就夸我。感恩"成就"之器，让我的生活如此轻松、幸福！

"成就"之器拉近老公的心

"老婆，我想买一辆摩托车。"一天，老公很认真地对我说。

"怎么，你想'单飞'啊？开始嫌弃我了，嫌我老了？想找一个年轻的陪你玩儿了？"我用质疑的眼神看着老公说。

老公看看我，一脸无奈，一声不吭地离开了。我立刻捂上了嘴，觉察到自己又启动了"破坏"之器，那些不可理喻的"邪恶"念头又冒了出来，我又想掌控老公的一切！意识到这些，我马上拿出"成就"之器，连忙去找老公道歉："亲爱的老公，对不起，我不该说出这么过分的话。咱们走过来的这前半生，你是什么样的人我很清楚，你想给咱家添置新物品，是好事啊！"

"哎，我知道那是你习惯的口吻，以后就不要再有这样的想法，太伤人了，我也相信咱们会越来越好的。"老公的"正念"感染着我，成就着我，这一切都深深地刻在了我的心中。

跟随、尊重老公的想法，身怀"成就"之器，我和老公一起购买了他心仪的摩托车。之后，老公不仅对家人更好、对工作更上心，而且与我之间的关系也越来越亲密，两颗心也越走越近了。

如今的我，亲子关系、婆媳关系、两性关系都越来越融洽和谐，这一切关系的良好发展都来自我深藏的"成就"之器，来自我想过上成功、健康、幸福生活的愿望，以及为之做出的努力——遇事带有"觉知"，处处成就关系。

生命的觉悟
——清醒在每一个当下

"七年之痒"对于许多人来说是婚姻中一道过不去的坎儿，我和老公结婚也快七年了，我本来没有丝毫信心能迈过这个坎儿。但最终，我通过不断"藏器于身"，拯救了我的婚姻。

一天，我在单位加了半个小时班，提交了工作日志，疲惫地走出办公楼。仰望天空，天色与往常有点不同，家的方向乌云密布。我不禁皱了皱眉头，今天出门没有带伞，要不要求助老公呢？我不禁踌躇起来：日子越过越觉得没劲，我跟老公已经无话可说了，但凡自己能解决的事情绝不麻烦他，也因为一次次的失望、无奈，造成了我越来越孤独封闭的性格。所以，真的不想去麻烦老公。

可是还没等我到达地铁站，雨已经开始下起来了，要想不淋雨，只能靠老公了。电话打过去，一秒钟就被挂断了，我心中升起一丝不悦。此刻，"藏器于身"的我启用"换位思考"之器，从老公的角度思考这个问题：可能他正在开车不方便接电话，或者有事情无法接听电话……这样，自己就不会太过情绪低落。

无聊之际，我开启"学习"之器，打开"虹汇电台"的节目进行学习，十分钟后老公打来电话解释道："刚刚正在开车进车库，现在下的是暴雨，不安全，所以挂断了电话。""换位思考"之器真给力！

我又拿出"信任"与"正向关注"之器，让自己信任老公，不再关注他为什么不接电话的问题，防止矛盾升级，而是关注怎么解决问题，寻找出路。我平静地说出自己的诉求："哦，老公，我没有带雨伞，一会儿你能去地铁出口接我吗？"

老公思索片刻，说："这会儿雨下得特别大，等雨小点儿了我再去接你吧。"

"好吧。"我平静地挂了电话，并没有感觉到失落。

七年的婚姻被柴米油盐打磨得平淡如水，彼此之间更像是合作伙伴。地铁列车缓缓到站，越往外走通道上的人越多，出口处更是人满为患。这时，我使出"平静"之器：事情已经发展至此，不如让自己平静下来。我找了个合适的位置等老公。

我打开手机观虹汇直播，眼睛却不由自主地张望着出口的方向，盼望那个被我惦念的人带着伞一脸关切地走过来。忽然，我听到在虹汇直播中，有观众提问："孩子玩手机时间太长，老公把孩子的手机摔了。孩子一直想要新手机，爸爸只想给孩子买平板电脑，我左右为难，怎么办？"一瞬间，"链接"之器让我"觉知"到：这个提问的妈妈和我好像啊！

直播间的老师一直重复问她一个问题："在这件事情中，你做了什么？"

"自知之明"之器让我瞬间清醒。"无形控制有形"（比如我们用的手机，电话信号看不见摸不着，有了它，我们才能正常接打电话，这就是无形控制有形）之器已握在手中。在老师的再三追问下，这位妈妈道出实情："是我把孩子长时间玩手机的事告诉了老公。"老师语重心长地说："一切都是你的'起心动念'，你的先生只是接收到了你的信息而为之，而呈现出来的却是你先生是个摔手机的恶人。你的做法是不承担，只想做好人。"

我也是个"不承担"并且"高需求"的人，我反思着。

"咕咕咕"，肚子的叫声把我从思考中拉回了现实，时间不知不觉已过去了二十分钟。虹汇直播间像有神力一样，让我瞬间"链接"上"不矫情"之器。我主动打电话回家，听到老公正在家吃饭。

"你到站了吗？"电话里传来熟悉的声音。

"我已经到站二十分钟了。"我有了些许不满情绪。

"我看看外面雨大不大，嗯，这会儿是小一点了，我还是开车过去接你吧，步行路滑。"老公自顾自地说着。

"好，记得给我带把伞。"我嘱咐道。

挂断电话，内心又涌出了"内观"之器：自己也有错，下车就应该主动打电话的，自己太矫情了，结果让自己等了那么久。接下来，我要让自己开心起来，享受当下，满足一下自己吧！最后我决定，下车后先让美食来安抚自己"受伤的小心灵"，我才是最懂自己的人。

过了一会儿，老公来接我了，我上了车。

"今天在公司发生什么不开心的事情了吗？"觉察到气氛不对，老公关切地问道。

为了避免我的怒火伤到老公，我启用"闭嘴"之器，只是沉默，没有任何回应。

"刚才孩子不让走，奶奶哄着他们，我才出来的。"老公继续解释道。

"我饿了，想去吃咱小区路口那家的牛肉面，如果你不想去，我可以在那个路口下车自己去。"我对他的解释毫不领情。

"家里给你留着饭呢。"老公有些迷茫。

"我就是想去吃。""无器可用"的我麻木冰冷地回答，我坚持不下去了……

没想到老公竟然说："走吧，我也再去吃一碗吧！"我顿时"石化"了，惭愧不已。

拿着雨伞，我率先下车。此刻，雨小多了，期待的事情马上就要实现了，心里也舒畅了不少。我往前走了几步，又想到老公没伞，就停了下来，等老公过来一起进了饭店。

老公主动点了餐并买单，当我如愿以偿地吃到牛肉面，内心的"满足"之器瞬间把我冰冷的心激活了，脸上也有了笑意。看到老公坐在空调下面冻得直打喷嚏，我主动让老公来旁边坐，吃完饭小声打趣道："他家放餐巾纸的圆盘盒子安在墙上，跟卫生间的好像啊，哈哈哈……"老公听完也笑了。

出来时，雨已经停了，略微积水的地面折射出夜晚的灯光，竟如水晶般美丽。我心满意足，手持"纯粹"之器，对老公说："你自己开车回家吧！我要步行走回去。"说完，我转身走进了夜色里。

"路上小心。"身后的老公叮嘱我。

漫步在雨夜中,心情舒畅极了,我觉得脚下的每一步都能踩出莲花来。走到楼下,我看见婆婆带着我家两个宝贝在骑车,"感恩"之器涌上心头,我感受到了婆婆为我们的付出,感谢婆婆!

婆婆也看到了我,赶紧用身体挡住孩子们,我晓得"他心通"之器,懂婆婆的良苦用心:她以为我没吃饭,孩子看不见我就不会缠着我,让我安心回家吃饭。虽然此刻我特别想拥抱孩子们,但是婆婆的善心我更加"识得",于是心情愉快的我到家后,胃口特别好,把婆婆给我留的粥喝得干干净净。

"藏器于身"的我准备为家人服务,我拿出"按摩""给予"之器,准备好头部按摩牛角梳,想着老公一会儿回来帮他按摩一下头部。刚把卫生整理好,老公和孩子一起回来了,相互拥抱过后开心地说:"你们谁愿意体验一下头部按摩?"

"真的假的?"老公提出质疑。

"试试就知道了,来吧!"我热情地邀请他们。

接着,我依次给老公、孩子们都按摩了一遍头部,全家在温馨、幸福中进入了梦乡。

发现这个"满足"之器后,我每天都会使用它,下班途中会给自己买一杯奶茶,到家打开音响,内心越来越清明,对老公的许多让我不满意的行为选择视而不见,一个月后,老公竟然开始主动分担家务了。

"我给老大洗澡,你给老二刷牙吧!"老公温柔地对我说。

"好啊!宝贝一定很喜欢爸爸洗澡,因为爸爸很帅。"我带着"时时成就"之器回答。

"老公,你可以先陪孩子先读会儿书吗?我想去洗澡。"我使出"弹性"之器。

"中,你赶紧去吧。"老公贴心地回应。

孩子们围在爸爸身旁开始一起看书了,我终于有了一会儿空闲时间,那个离不开我半步、事事只要妈妈做的小宝也渐渐喜欢上了爸爸。

"爸爸去哪儿了?"昨天晚上睡觉前,小宝问道。

"爸爸在洗澡。"我立即回答小宝。

"我要找爸爸。"小宝跟爸爸玩得越来越开心了,也越来越离不开爸爸了。

"今天早起吃什么，还给你冲山药粉吧？"婆婆说。

"听你的，妈，您做这个山药粉还真不错。"我奉上"赞美"之器。

"早起空腹上班伤胃，喝点东西胃里舒服……"婆婆耐心地给我普及养生知识。

我拿出"接纳"之器："您说得对。"——"人和"之器让婆媳关系如此和谐。

"妈，这几天您带孩子辛苦了，我刚从超市买了速冻饺子，中午您直接煮了吃就好了。"最近放暑假，俩孩子都在家，我怕婆婆带两个孩子太辛苦。

"家里没馒头了，我蒸点吧？"勤快的婆婆说道。

藏"体贴"之器于身的我怕婆婆累着："我用面包机蒸馒头吧，手工蒸馍太累了。"

这就是我家现在的情况：孩子们、老公、我和婆婆每天都很开心，家里充满了欢声笑语。原来，一切痛苦的根源都是自己，如今，"终身学习"之器让我成为"藏器于身"的女人，我的内心很满足，不再匮乏，不再期待别人，婚姻的"七年之痒"就不攻自破了。

婚姻是彼此猜忌、埋怨，还是相互信任、成就，其实全由你自己决定！

内圣外王

修己
——我是解决问题的专家

"**我**要和他离婚,不过了,谁离开谁不能活呀?他凭什么这么伤害我……"蓬头垢面的丽丽坐在我家客厅沙发上,泪流满面地冲我咆哮着。

看着眼前的丽丽,我仿佛看见了两年前的自己,也是这语气、这状态——标准的怨妇。我要帮助她,我要让她脱离"苦海"。于是,我使出"直抵真相"之器,先给她下了剂"猛药"。

"丽丽,我看你是下定决心要跟他离婚了。离!我支持你。"我故作坚决地跟她说。只见她的哭声停顿了一下,疑惑地看了我一眼,接着低下头又哭了起来。

"你也不是没工作,还养活不了你跟儿子?大不了就是生活品质降低一点,儿子的兴趣班少报一些,家里的水电维修、买米买面杂事多一些……不过以后家里的大事小情全是你一人说了算,再也不会有争吵了。"我了解丽丽是个很"小资"、爱依赖别人的"小女人",所以故意这么"刺激"她。

丽丽哭声渐小,擦着眼泪小声嘟囔着:"我也不是非要跟他离婚,我就是气不过嘛。"

见她态度有所缓和,我真诚地说:"其实我也曾经差点离婚。"

她满脸震惊地看着我:"怎么会呀,你老公那么疼你,我们天天吃你俩的

'狗粮'还吃不完，你们怎么可能——"

我笑笑说："那是我进虹汇之前的事，那时候我和老公天天为些鸡毛蒜皮的事吵架，真是觉得一天也过不下去了，我认定嫁给他就是人生最大的败笔。"

"对对对，我也有这种感觉。"丽丽不哭了，急切地问道，"那你老公是怎么变好的？"

我拿出"婚姻真相"之器告诉她："不是他变了，而是我变了。经过在虹汇的学习，我才明白这世界上没有嫁错娶错，更没有谁对谁错，我们要做的，是成为一个嫁给谁都幸福的女人。"

"嫁给谁都幸福的女人？"丽丽满脸困惑地反复念叨着："女人不是因为嫁个好男人才幸福吗？男人和男人之间差别那么大，怎么可能嫁给谁都幸福？难道婚姻是否幸福，与婚姻中的那个男人一点关系都没有吗？"丽丽还是充满了疑惑。

我顺手使出一个"修己"之器："古人讲'吾道一以贯之''自天子以至于庶人，一是皆以修身为本'，意思是，所有的理论都可以用一个道理贯穿起来，那就是从天子至庶民百姓，都应该以修养心性为根本。有时候一件事困扰着你，令你苦恼，是因为你'修行'的层级不高，就像在一楼找停车位和站在十八楼找停车位，哪个更容易？生活也一样，当自身处于低维度时，自然看不到出路，生活'满地鸡毛'；而当你处在高维度，便能看到更多风景，看待问题的角度、处理问题的方式都会大不一样，生活成功、健康、幸福便成为必然。"

丽丽听着，若有所思地点了点头。

"幸福与别人无关，只与自己有关！你真诚善良，自然吸引厚道踏实之人；你成熟能干，自然赢得尊重；你大气包容、情绪稳定，家里自然温馨和谐；你深谙幸福文化之道，别人自然高看于你；你温柔有用，伴侣自然对你百般疼爱……这些，你都做到了吗？"

看着丽丽沉默不语，我趁热打铁又拿出"灵魂拷问"之器："当你抱怨别人的老公又能赚钱又体贴时，你自己做到像别人的妻子那样又优雅又能干了吗？当你羡慕别人嫁了豪门又深得婆婆爱护时，你是否气质、学识出众还能讨老人欢心？当你想让自己的孩子像别人家的孩子一样优秀时，你是否能做到先成为'别人家的父母'？所以，凡事先要求自己，不要求他人。"

丽丽面露羞愧之色，坦诚说道："你的话虽然字字扎心，却句句真实，我仿佛重新认清了自己。"

我因势利导抛出"我是一切根源"之器："我们自己才是一切的根源。婚姻走到低谷，我们都是有责任、有参与的，当初我进入婚姻时没有调整好心态，没有做好为人妻的心理和能力准备，处处'向外要'，要照顾、要宠爱、要呵护，要不到就指责埋怨，总是按照自己的标准要求对方，总觉得对方这也不好那也不配……其实是我从来就没真正看过自己。当我意识到这一点时，就不再处处要求对方，而是收回目光关注自己做到了哪些。"

丽丽也受到启发地说道："听你这么一说，我也在反思这些年我在婚姻中都做了什么。我没有给这个男人一个舒适整洁的家，没有为这个男人做过令他满意的可口饭菜，没有关心过他的头疼脑热，更别说懂他、理解他。"

当我看到她已经开始关注自身问题时，便随手又抛出"向内求"之器："当你不再对伴侣有要求，而是只关注自己，做好自己应该做的，比如：把家收拾得干净有序，做伴侣爱吃的可口饭菜，关心他的身体，关注他的需求，说话温柔、风趣，锻炼身体保持身材，精神饱满，开心喜悦，他反而会对你越来越好，你俩也会越来越甜蜜。"

"真的有这么神？"丽丽半信半疑地看着我。

我笃定地点了点头："当然，因为我就是这么走过来的。不信你就从给他洗一次脚开始试试。"

看着丽丽的神情由惊讶、迟疑，慢慢变为暗下决心，我也稍稍放下心来。

"以后不管是在工作中被领导批评，还是在生活中跟婆婆发生矛盾，或是遇到任何不如意的事情，如果你的'起心动念'是'我也有责任，这件事的发生也许对我反而是一种恩惠……'从事件中跳出来客观地看待这个问题，就会发现世界都不一样了，屡试不爽哦。"我又使出"万事皆好"之器倾囊相授。

"我现在对生活和发生的一切事都心怀感恩，即使有一些无常出现，我也能保持平静并接纳。我多年的失眠问题也不治自愈，每天都和颜悦色，看我是不是比以前面色红润、更年轻漂亮了？"丽丽果然被我逗乐，如释重负地回家去了。

几天之后，丽丽面露喜色地来找我，一进门就激动地大喊起来："我和老公和好啦！"

"我听了你的话，回家下了几次决心，终于决定给老公洗脚。当我摸着那双粗厚的大脚时，心里五味杂陈，这是我第一次碰他的脚，以前总嫌他的脚臭。通过这次洗脚，我才意识到，正是这双坚实的大脚，给了我一个家，一个温暖的安乐窝，给我依靠，给我呵护。"

丽丽说着，眼泪都流了下来，她感受到了老公的不容易。

"而且，刚开始老公怎么都不让我给他洗脚，他那惊慌不已的激烈反应也深深刺痛了我，原来在老公眼里，我是那么陌生、冰冷。我真的好心疼老公！"说完，丽丽号啕大哭起来。

我看着丽丽，自己也不禁满含热泪，为她的改变而感动。

之后，丽丽坚持不断地学习，调整和提升自己。现在，她和老公已无话不谈，成了彼此的灵魂伴侣。

我运用"直抵真相""婚姻真相""修己""灵魂拷问""我是一切根源""向内求""万事皆好"这些"文化之器"帮助丽丽走出婚姻困局，心中无比欣慰。

自进虹汇修习以来，我习得了"无常""正念""独活""横刀立马""和解""觉知""施与受平衡""眼色"等"文化之器"。身为一个"藏器于身"的女人，我愿意拿出我生命中更多的"文化之器"去帮助身边的人。

创世

内核重启
——发现自己的核心竞争力

师者，传道授业解惑也，师者之气量，师者之德行，以无形或有形的方式影响着身边的人。

很幸运，我就遇到了这样一位师者，她重启了我的内核，让我发现了自己的核心竞争力，并"藏器于身"。

内核之"读懂自己"

"妈，我决定不考大学了。"我平静地对妈妈说。

"啊？不考大学你想干什么？"妈妈很吃惊。

"我想参加工作了。"我很笃定。

"去哪里工作啊？现在工作好找吗？"妈妈有些担忧。

"放心吧！妈，我已经找到工作了。"我的语气自信、笃定，又带有一些神秘。

这是第一个影响我一生的重大决定，过程很简单，但非常坚定，而且令我永生难忘。你肯定很好奇，是谁给了我这样的勇气和信心？是谁"催眠"了我？是谁将"藏器于身"的功力如同魔咒一样施展在我的身上，是谁看见并重启了我的内核能量？

内核之"选择"

选择，我也称之为"一念之间"，一念天堂、一念地狱。我们时时刻刻都在做选择，都在经历人生无数次的"变道"，大到考学、婚姻、工作，小到每天吃什么、要去哪里、怎么说话、用什么"文化之器"解决你当下的问题，等等。

要想总能做出正确的选择，首先要认清自己的内核。很多人会惊叹于我的经历：18岁当主管，20岁独立管理幼儿园，21岁在广播电台原创《广播里的早教课》教育专栏，24岁结婚生子，25岁开始创业并成为奥尔夫音乐（一种音乐教育体系）专家……今年，我34岁。以上这些经历源于17岁时的我做了一个重大决定：拿着中专文凭开启彰显自己"天赋使命"的事业，这比考大学更有利于我的前途和命运，是我人生中最重要的一次选择，也是正确的选择，更是我对自己成为文化人的归属判断。

最终让我坚定决心、此生无悔之人，便是我的恩师和人生导师周虹老师（周氏启智创始人）。老师到底对我说了什么？做了什么？是不是我们常常促膝长谈，她给我讲了很多人生大道理？不，其实老师并没有做什么。

在我从事少儿教育工作的多年时间里，我也一直在问自己，我想知道答案，也想像老师一样可以真正地去影响更多的孩子。现在我终于找到了答案，那就是老师的师者之道，在这个"道"中，老师拥有无数无形的"文化之器"，而"内核重启"就是重器之一。

内核之"高贵品质"

从周虹老师带领团队进入我们学校招聘的那一刻起，我想成为像她一样的师者之梦已经在内心萌芽。

那天，随着一阵哒哒哒的高跟鞋声音，迎面走来一位头戴礼帽、身穿披肩、脚踩长靴的优雅女人，气质高贵典雅，让我无法移开双目，心想：天啊，这是谁啊？简直是从荧幕上走下来的人！

"这样的穿着好像只有在影视剧里才能看到……"同学们也窃窃私语。

仅仅是当天周虹老师穿着的品质和讲究，就已经深深地震撼到了我。如今，我格外关注自身形象，就是因为受到了老师那天带给我的深刻影响。她用"高贵讲究"之器开启了我的"高贵品质"内核能量。

我的一个学生的父亲曾经说:"我的女儿上您的钢琴课,我不求孩子弹琴技艺有多高深,只要让孩子跟在您身边,就能够被您身上的高贵气质所影响,已经受益匪浅。"这说明,我用"高贵品质"之器同样也影响了许多学生及家长,这令我非常欣慰,于是开始更加努力地去"藏器于身"。

内核之"铭印"

自从"高贵品质"内核能量启动,我便时时刻刻被高贵能量所围绕,无论到什么样的场合,都会特别关注适合那一场域的气质形象。

记得我第一次到周氏启智,身穿一件雪白色的羽绒服,从进门就时刻不忘高贵气质,无论是坐姿还是站姿都保持抬头挺胸、面带微笑,这件事情令老师印象深刻,此后的十几年里,她时常在公众场合赞叹我的有序、高贵,我从此被老师用"铭印"之器定义为"拥有高贵气质"的女人。

"有序、高贵"成了我日常生活素养的代名词,我也如同老师一样将"铭印"之器时刻藏于身,去铭印我的孩子、我的学生,让孩子们用自信去重启自身的内核能量。其实,每个人的内核能量是无限的,或者说"我本具足",只是需要一种力量去将它激活、重启。为人父母或者师者若能够用"铭印"之器去激活孩子们的内核能量,是家庭、社会之幸事。

我很庆幸自己走上了像周虹老师一样的师者之路,并将"铭印"之器藏于身。

内核之"师者之境"

在我没有听说周氏启智与众不同的面试现场之前,我是立志要考大学的,所以我那时候没有参加校园招聘的任何面试。据我观察,别的单位的面试现场,都是经过工作人员精心布置的。

"你昨天去周氏启智面试了,觉得怎么样?"我好奇地问同学。

"别提了,地上到处是垃圾,垃圾桶、桌椅板凳都倒在地上。"这个同学一脸不满地说。

面对这些,有的同学嫌弃,有的同学视而不见,有的同学会顺手整理。当面试公布结果的时候,同学们才恍然大悟,原来这是老师刻意设计的面试场景,目的就是考核面试者的"眼色",现在想来,这又是老师的一个"隐身之器"——师者之境之"镜教"。

我虽然没有到现场,但是仅听同学们描述,这个有形的"教育环境"从此在我的内心升起了无形的新认知——关于教育方式、解决问题的方法、识人的方法、眼色等的认知。这个没有亲身经历的面试场景,让我心中那个放弃考大学而选择去工作的心理萌芽又升华了——我想去周氏启智工作!

老师用"内核重启"之器开启了我向往"师者之境"的内核能量,我立志要成为一名如老师一样优秀的师者,一言一行皆有"器",可以正面影响无数的家庭和孩子。

内核之"看见"

将"师者之境"之器运用在我所管理的幼儿园中同样十分有效,我称之为"看见的能力"。每天晨会,我们幼儿园的老师之间会分享"我的看见":看见孩子的独特之处,看见家长的需求,看见环境的整理需要,看见同事的优势,看见自己从每一件事情中的收获……

我们幼儿园的招聘面试,不仅会通过设计各种场景去考验和发现应聘者"看见"的能力,还会请每一位在职老师参与、观摩面试过程,总结自己对于面试老师和应聘者们的"看见"。一个"看见"之器,可以举一反三运用于多种场景和视角中获得收益……

内核之"黑之极"

当我们被通知去周氏启智参加为期一个月的实习时,很多学生并不知道这也是老师安排的"面试"。在周氏启智的大教室中,周虹老师出现了,依然是形象气质震撼全场。但是接下来她公布的一个消息让现场炸开了锅。

老师说:"在周氏启智实习是没有工资的,而且需要缴纳70元的伙食费,现在决定实习的可以交钱了,如果想离开也没问题。"

我当时对这个没有太多的想法,反正在学校吃饭也要花钱,就立刻把钱交了。但是却有一部分学生仅因为这个消息就离开了。现在回忆起来,我又再次惊醒:这是老师运用"黑之极"之器高效淘汰了没有承担力的员工,留下的都是有培养价值的人才。当时肯定有同学想：这老师真"黑"啊，别的实习单位都给工资，周氏启智不但不给还要交钱。

其实老师最后没有让我们承担伙食费，只是在用这样的方式启用"内核重启"之器，用于启动学生关于忠诚度、同甘共苦、换位思考的能力，遇事全息之观，以及施与受平衡的内核能量。在这个实习期里，老师传授给我们很多有形和无形之器，甚至是对我们的人生观进行了一次"重置"。

那段时间的"内核重启"让我受益至今，忠诚之内核能量也在我身上铭印，所以我忠于我的职业，忠于我的事业，同时也收获了忠与信的平衡。由于"忠诚"内核的启动，让我获得了老师的信任，在工作短短半年之时便放心地让我担任教学主管，一年多后让我独立管理幼儿园，并花巨资培养我的专业技能。

我无意识的"没有太多想法"，或者说是在别人眼里是"傻子"的做法，其实蕴藏着看不见的"简单""纯粹""相信"等无形"文化之器"，成就了今天的我。

内核之"成人之美"

刚刚被选拔做教学主管的时候，我年仅十八岁，经常不自信。因为我从小不爱说话，甚至有一些"社交恐惧"，对于团队的沟通和管理，我有一些担忧，怯怯地找老师说："老师，我不太爱说话，会不会影响团队的管理啊？"

"领导不需要话多，领导只说有用的话。"老师的回答让我永生难忘。

哇！我好像一下子被点燃和唤醒了，一直被自己认为的缺点，一瞬间变成优点了。从此，我不仅不再因此自卑，而且开始关注自己输出的每一句话是否有价值、有意义。我依然话不多，但只要是自认为有价值的输出，我便可以站在台上侃侃而谈……

从认识老师的第一天开始，她就不断重启我的"高贵气质""执行力""有准备地做事""领导风范""忠诚""职业素养""艺术天赋"等内核能量，我的收获之丰和改变之大，无法用言语来形容，只能化成"师者"之器，做一个像老师一样随时可以"施法"的师者。

我们幼儿园的老师们被我"施法"后，初见成效。

——她的专业是销售，从未有过教育经验，被我重启内核后成为金牌老师和教学主任。

——她的专业是设计师,被我重启内核后成为专业的蒙氏教育老师。

——她是一说话就紧张的幼儿教师专业毕业的老师,被我重启内核后成为幼儿园园长。

——她是一位绘画专业的老师,被我重启内核后立志做一名优秀的幼儿教师。

——她是一位受原生家庭负面影响很大的老师,被我重启内核后立志要成为最专业、最有爱心的幼儿教育工作者……

这都是我内核启动、"藏器于身"的结果。

内核之"师者之道"

成人在内核能量被激活后都能如此,何况正在成长关键期的孩子们呢?

无论是父母还是师者,重启孩子内核的"器"有很多,如"身教""镜教""铭印""正言""正心"。

我之所以敢放弃考大学,无畏地持中专文凭走上职业生涯,是因为我拥有重启内核后的自信与坚定。身为师者,无论是有形的"正语",或是无形的"正念",都有可能影响一个人的一生,我是体验者也是收获者,同时我要成为师者,时刻"藏器于身"的师者,用"内核重启"之器帮助学生启动内核能量,这应该就是我当初做这个决定的初心。

向师而行,向美而生,师法自然,至臻至善。我要像老师一样一直走在追寻和践行"师道"的路上,为世界带来更美好的孩子,为孩子创造更美好的世界!

文化自信

积精聚气

文化自信

——孩子走上自主生活和学习之路

不知从什么时候开始,儿子开始撒谎了,他告诉我们作业已经完成,第二天在班级微信群里却被老师点名道姓地批评没有完成作业,我才知道他根本没有写作业,还连着好多天拒绝写作业。刚开始老师还只是提醒我,后来忍不住向我"发飙",并下了通牒:"如果孩子再不写作业,就不用来上学了。"

儿子立马回应:"不上就不上,我本来就不想上学,谁稀罕上学啊。"

我这才意识到问题的严重性:儿子到底怎么了?为何会如此?从前很乖的孩子为何突然连作业都不写了?

"酬赏机制"之器

于是我向虹汇求助,周虹老师送我第一个文化之器"酬赏机制"。

儿子喜欢金钱,自称"贪财鬼",我和他沟通奖励事宜,他欣然同意。于是我们俩把每天要做的事情列举出来,并制定相关契约,比如:写作业、做家务、按时起床……每天大概有十项,只要完成,就迅速奖励一根小棒,周末把小棒一起兑换成现金。

其中关于周末作业的约定是:周五完成,可以得三根小棒,周六完成得两根,周日完成只能得一根,关键是只有奖励,没有惩罚。有了"酬赏机制"之器的推动和激励，儿子写作业动力十足，为了自己的钱包，为了能够买到心仪的零食和玩具，他踌躇满志地去完成作业。

契约刚开始执行的时候，儿子还是需要别人提醒，大概过了半个月，他就会自主按照要求完成了，我们家"契约精神"的家庭文化也逐渐形成，我也把此"文化之器"分享给身边的朋友，大家都很受益。

"坐果率、出果率"之器

周虹老师教给我的第二个文化之器是"坐果率、出果率"，即只关注孩子做到的部分，强化他的优点，未做到的部分忽略不计，不提醒，也不关注。

当孩子没有按照约定百分之百完成的时候，我用"小满充盈"之器提醒自己：我不完美，孩子也不完美，我们都是普普通通的人，忘记是很正常的，完美就是"完蛋"，幸福比完美更重要！

以前，我总是拿自己的孩子和别人家的孩子比，尤其是拿自己孩子的缺点和别人家孩子的优点比。比的结果往往是自己很挫败、很受伤，也很愤怒，于是我会将这种情绪转嫁儿子，看儿子的眼神全是"嫌弃"和"鄙视"，儿子不知所措，常常莫名其妙"躺着中枪"。

我为什么要比呢？说白了还不是为了自己的面子？在自己的面子和孩子的感受面前，哪个更重要呢？作为亲妈，我的答案是：我儿子的感受最重要！那就只关注孩子的优点，从此，我们家再也没有了"别人家的孩子"。

我细心地观察着儿子，只要他做到一点，我立马用"大惊小怪"、情绪激动的语气，夸张地赞叹出来并加以奖励，哪怕只是他身上一个很小的优点，我也拿着放大镜般地去寻找和强化。

比如，儿子去饭店自己点餐、帮妹妹拿碗筷、自己结账、交朋友，每天骑自行车运动……只要有一丁点儿的进步，我就毫不吝啬地夸奖。刚开始儿子还觉得不好意思，慢慢地就满心欢喜地接受了，后来是每天期待我去夸他。

"高段位"的家长都有一双"慧眼"之器，慧由心生，当我们关注孩子的优势方面时，孩子就会被优势赋能并得到与预支相匹配的回报，这就是"坐果率、出果率"之器的妙处。

家长同样需要持"长期主义喂养"之器，日积月累地去观察。慢慢地，我发现了儿子的一些天赋：财商高、运动能力强、情商高、人际关系好，等等。

我们家开始"喂养"爱与信任、"喂养"赞叹与激励、"喂养"祝福与美好，"喂养"彼此善待、"喂养"彼此赞美、"喂养"彼此成就，我们家的幸福文化力量在逐层填充和强大。

"我本具足"之器

周虹老师给我的第三个文化之器是"我本具足"，每个人都有完成自己本职、本分事情的能力，关于作业、学习，儿子让我对他放手，让我相信他。

我放手？开什么玩笑！天天"盯着"还这样，要是放手了还不上天？但我尽管心存质疑，却依然照做。因为我发现，从前为了让孩子养成好的作业习惯，我不辞辛苦地陪孩子写作业，在这个过程中，我的愤怒、指责、嫌弃，无形中全部显露，而且毫无效果。

"相信孩子，无条件地相信孩子，对孩子完全放手。这么多年，你对儿子限制太多了。"我不断地用周虹老师的话提醒自己去执行，消融我和儿子因作业产生的"二元对立"。

"为了不打扰你写作业，我会让自己忙起来，我带着妹妹去外面玩耍或者到健身房练习瑜伽。"我对儿子说。

没想到儿子兴奋地说："太好了，以后你最好天天忙，我自己可以的。"原来，儿子嫌弃我已久，巴不得我不陪他，在他心里，我与其说是陪他，不如说是监视。

最初我还不太敢相信，直到我回到家，看到他真的已经把作业都写完了，而且字迹工整，我才相信儿子真的可以说到做到。"易反易复是人心"，我质疑的习性又发作了，但也在发生着变化。

我喜欢研究、探索家庭文化，我经常思考，为什么陪伴儿子写作业时，他磨蹭拖拉、不想写，一会儿要上厕所、一会儿要喝水、一会儿又说饿了……事儿真多，而不去管束他以后，反而写作业速度很快呢？

答案是：陪伴他写作业，他觉得作业是妈妈的事，即使不是妈妈的事，妈妈也是一个监工的角色，他在用磨蹭等不良习惯与我无声地对抗。不再陪伴后，他觉得作业是自己的事了，人往往只对有自己的事才会真的上心、当回事。我将"责任的能量"之器交托于他，他内在的"小宇宙"反而自动自发地运转起来。

现在，我对儿子的"放手"不只在作业方面，包括搭配衣服、整理房间、清洗内衣、帮忙取快递、买油和盐等生活用品等，他俨然成了我生活中的小帮手。

周虹老师还告诉过我："每一个人都是独一无二的，每个人都有自己的使命和天赋，每个人都可以'自定义成功'。"我们每个人本自具足，只是需要"文化之器"点燃和激发，而我已经启程！

"及时满足"之器

周虹老师教给我的第四个"文化之器"是"及时满足"。

"延迟满足才会培养孩子的耐心，及时满足孩子，不是娇惯和溺爱吗？"我心里还是有点忐忑。

周虹老师说："对于从未给予孩子无条件之爱的家庭，要有一个长期的及时满足孩子需求的过程。只有要求被及时满足了，孩子的内心才不会匮乏。比如一个人吃饱饭了，还会再无休止地去吃吗？及时满足，就是让孩子感受到无条件的爱，他才会'没心事'，心无旁骛地做自己想做的事。"

儿子一直想单独出去游玩，有了妹妹后，带他出去玩儿的时间确实少了，于是我和他商量，每天九点之前写完作业，连续一个月，就奖励他一次单独的陪伴旅游。"责任的能量""酬赏机制""契约精神"这些"文化之器"我已经会综合起来并灵活运用了。

他特别想出去玩，选好了游玩的景点、制定好目标后，他写作业的速度更快了。一个月后，我们把妹妹托付给其他家人照顾，单独陪儿子玩了三天。

那三天，我们"嗨聊"、嬉戏、打闹，眼里只有彼此。我向儿子道歉，有了妹妹后，对他的陪伴减少，忽视了他的需求和感受，真诚地对他说对不起，并紧紧地拥抱他。儿子的情绪好像释放了许多，被浓浓的爱和温暖包围着。此时的我也知晓"懂比爱更重要"，我努力地去发现孩子的需求并及时满足。感谢无形"文化之器"的力量，我和儿子的关系越来越好，家里氛围也和谐了许多。

"聚能聚精聚气"之器

周虹老师教给我第五个"文化之器"是"聚能聚精聚气。"我养育了两个孩子，同时与他们约定每天单独陪伴并拥抱他们的专属时间与空间：每天晚上八点至八点半，是我单独陪伴儿子的时间。这半个小时里，他可以讲述学校的事情、家里的事情、自己的喜怒哀乐、对我的建议……我只是倾听，不评判、对抗，尽力引导着他去诉说和表达，让他每天的负面情绪都可以流淌、释放出来，如果他骂人，我会和他一起骂，甚至我俩还会用用抱枕"打架"……让他感受到被允许、被尊重、被爱、被接纳。最后来一个深深的拥抱结束，让他可以踏踏实实地钻进自己的被窝。

雷打不动地坚持和清理，我和儿子的情绪都变得平和，甚至经常幽默"自黑"。祛除了身体上、心理上的"浊气、浊能"，儿子可以专注在自己享受的事情上了，我也回到了亲妈的位置上，这就是我们的"聚能聚精聚气"持"正事"。

"多宝"家庭要对所有孩子"一碗水端平"，这也是优质的"文化之器"之一。

热爱学习、自主生活

"一根、两根、三根……五十三根，妈妈，快给我钱。"

"好的。"我爽快回答，并迅速把提前准备好的零钱给他。儿子拿到钱后，欢天喜地，我也很欣慰。

儿子今年九岁，马上要上小学三年级了。如今的他在生活、学习方面游刃有余：自己整理衣物、房间，帮忙刷碗、擦桌子；在学校认真听讲，和同学们友好相处，学习和作业自己独立完成。

我在养育好儿子方面信心满满，修成了一个悠然自得的妈妈，闲来无事在家看看书、做做家居整理、烹饪美食，还会去健身房练瑜伽、跳舞，生活很惬意。

我之前不敢奢望的幸福生活，因为周虹老师传授给我的各种"文化之器"全都实现了。现在的我也是一个"藏器于身"的妈妈了，享受着文化自信给我的家庭带来的成功、健康与幸福。

致虛極

敞开式沟通
——自说自话是"大傻帽"

在一个炎热的下午,我参加了一堂主题为"世界上最珍贵的十大奢侈品"的虹汇课程。那堂课让我印象深刻,醍醐灌顶,对我来说,是一次思想和认知层面的撞击。

周虹老师首先介绍关于奢侈品的定义:从狭义上讲,奢侈品是一种超出了人们生存与发展需要范围的,具有独特、稀缺、珍奇等特点的消费品。但从广义上来说,真正的奢侈品不一定是物质层面的,也可能是精神层面的。接着,老师又向我们分享了前几年在《华盛顿邮报》评选出的"世界上最珍贵的十大奢侈品",包括:生命的觉悟;一颗自由、喜悦与充满爱的心;走遍天下的气魄;回归自然,有与大自然连接的能力;安稳而平和的睡眠;享受真正属于自己的空间与时间;彼此深爱的灵魂伴侣;任何时候都有真正懂你的人;身体健康,内心富有;能感染并点燃他人的希望。

在讲课过程中,老师分享、讲解得酣畅淋漓,我们也听得如痴如醉,产生了很多思想和灵魂层面的碰撞,我们似乎都忘记了时间,课程结束后还意犹未尽。课程最后的部分是提问解惑的环节。在大家问完关于对奢侈品理解方面的问题后,我提出一个问题:"老师,我有一个疑问,像我们不可或缺的食物和水,它们是保障生命的,更是我们追求奢侈品的基础保障,它们如此重要,却为什么不属于奢侈品？"

老师愣了："你想要问的到底是什么？"

身边的姐妹在帮助我回答："她问的是生活的必需品。"

周虹老师说："我们现在讲世界上最珍贵的十大奢侈品，你怎么跑到必需品了呢？"

"因为我觉得生活的必需品也是如此重要。"我说。

老师平静地对我说："我们在研究灵魂的高度，大家讨论得热火朝天，而你却在盯着生存的维度，这样怎么能吸收课程内容呢？今天你在这里吗？你是活在'当下'吗？"

这个时候我才意识到，我屏蔽了很多别人传递出的信息，这种低级错误在我生活中也是家常便饭。

如果是在以前，我可能会羞愧得想钻进地缝，而那一次，我坚定地看着老师，专心地听着她说出的一字一句，它们敲醒了我！那一刻，我真实地感受到真正敞开心怀之后的那种轻松和愉悦，心中仿佛有一股暖流开始流动，暖遍全身，我被老师全然敞开的状态所感染与感动。虽然这是老师的常态，可对我来讲却是如此的奢侈。我好像开始理解为何世界上最珍贵的十大奢侈品皆是"无形"，也理解了其中的意义与价值。

周虹老师就拥有很多这样无形的奢侈品，即诸多无形的"文化宝器"，它们样样都发光，都能帮助人们照亮人生之路。

回看我关注的生活必需品，它们与这堂课所讲的奢侈品完全是不同方向、不同维度的内容，我却将它们硬往一起扯，那个活在"自以为是"世界里的我在那一刻跳出来了。

不仅如此，我意识到了自己在生活中也常会不自觉地屏蔽家人说的话而自寻烦恼；我明白了自己在伴侣关系中沟通的"卡点"，即我常常在自己的世界里"自说自话"，没有以敞开的状态去感知对方的世界，还会自私地硬把他拉向我的世界，导致我们的关系越来越僵持。是啊，如果自己总是处于屏蔽的状态，又怎能看见外面不同的世界？就像井底的青蛙理解不了小鸟眼里的天空一样。

老师运用那些无形的"文化之器"，用温柔且有力量的话语，让我的"以自我为中心"的习性浮出水面，并传授我"沟通"之器。她还鼓励说，如果我能掌握"链接他人需求"之器，也能成为一个沟通高手。

现在，我会时刻带着"觉知"之器清晰地分辨自己要去的方向，运用"敞开"之器真诚地沟通，去更好地感知和理解他人，从而促进沟通更加成功，使各种人际关系良好发展。我与"沟通"之器终于开始有了真正良好的链接。

有一次，我和老公约好了地点一起去吃饭，可途中却一直堵车，我明显感受到老公愈加烦躁的情绪。而我已经不是往常那个屏蔽他人感受只顾自己的人了，身上携带着"觉知"之器。我先做好自己的"心理建设"，启用"情绪稳定"之器，接着运用"眼色"和"滋养"之器，悄悄地打开了手机上保存的老公平日最喜欢的歌曲——这要感谢平时自己一直在使用的"关注"和"灵魂伴侣"之器。

当老公喜欢的美妙音乐旋律响起时，我感到他精神为之一振，脊背一下子挺直了，他一边听，一边用手指在方向盘上跟随旋律轻轻敲动着，然后竟滔滔不绝地跟我讲起了过去的好多事情。我一边听，一边和他一起回忆，不知不觉中道路通畅了起来。堵车反而成了我们交流感情、相互滋养的美好时光。

七拐八拐，好不容易到了地方，却发现锁着门，饭店搬迁了！

以前的我一定会不停地抱怨："你说你非要来这儿吃什么饭？还堵那么长时间的车，真是耽误事儿……"现在，回看这样的屏蔽式沟通方式，简直比堵车还令人堵心，遇见一个这么自以为是的我，老公也真的是很不容易。

现在，我完全能够理解老公，并接纳事实，于是我取出"接纳当下""时时成就"和"浪漫"之器轻松地对老公说："没有关系呀，咱们刚好有了去尝尝别家味道的机会。其实对我来说吃什么并不重要，重要的是跟谁一起吃！"老公立马像获胜的将军一样，特别配合地一扬头，说："那是，走，哥带你去吃更好的！"然后二话不说，帮我拎包、开车门……到了饭店，点了好多我喜欢的菜。现在回想起这件事来，我还是觉得很甜蜜……

读者朋友，我想对你们说，不要让自己有更多的限制，不要让自己有更多的消耗，不要去屏蔽外界。当你敞开心扉，你会发现所有美好的事物都在向你涌来。

时间维度

疗愈"内在忧伤的小孩儿"
——与父亲和解才能亲近男性

我将跨向五十岁的年轮了,和老公却依然像一对冤家。吵吵闹闹几十年,我觉得自己像个十足的受害者,总想寻找一些同情和安慰,弥补缺失的安全感和幸福感。

来看一下我的日常生活吧。

晚上下班回家,老公已把饭菜做好。我扫了一眼,顿时感到索然无味,"唉!"我长叹了一口气,"屋里太闷了,我下去走走。"我压了压心头的无名火走出家门,莫名的惆怅和委屈开始蔓延,一行泪夺眶而出,仿佛自己是被抛弃的孩子一样无助……我转身重新回到家中。

"这么晚了,你到底吃不吃饭?不吃我就收起来了。"刚进门,我就被老公数落。

"我忙了一天了,你说我吃不吃饭?这饭看着都没胃口。"我怒气冲冲地往沙发上一坐。

"那你自己做呗,想吃啥做啥!"老公也不示弱,马上甩过来一句。

"你说话真难听啊!一点儿都不关心我!你要在乎我,就不会把饭做得这么敷衍!"我的心里像堵了一块大石头,忍不住大声抱怨。

"神经病,不可理喻!"说完,老公头也不回地走进卧室去睡觉了。

愤怒直冲头顶——你还想去睡觉？休想！我冲入卧室将战火愈演愈烈……

这就是我们家的日常状态，我感到日子越来越难熬。最近这一年，我们已经不再争吵，而是进入了"冷战状态"。我必须要找到出路，再不行就分开！

我相信吸引力法则，当我虔诚地祈祷要探索婚姻问题的真相时，命运把我带到了虹汇。在一次催眠课上，我亲身体验了周虹"魔法师"利用各种"文化神器"助我看清生命真相，走出困境的过程！

用"历史思维"之器"观己"

"我看了你零岁至十八岁的家庭简介，你和去世的父亲'链接'很深！"周虹老师迅速进入主题。

"是的，老师，我很爱我的父亲，但是他在我二十多岁时就去世了，离开我已经快三十年了。"我回答得很干脆。

"那我们就先请一位虹汇的会员做你父亲代表吧！"周虹老师启用了"家庭系统排列"之器。

我不清楚将要发生什么，心里琢磨着：请虹汇会员做父亲代表？这有什么用呢？

"你父亲去世二十多年了，此刻，你最想对他说什么？"周虹老师问道。

当我按照老师的引导闭上双眼，不知道为何，竟不知不觉泪流满面，我吃了一惊。

"爸爸，我好想你，你为什么要那么早离开我，抛下我不管？"我毫无平日的矜持，哽咽地问父亲代表。我特别想奔向父亲代表去拥抱他，老师制止了我。父亲代表一言不发，恍惚中，我仿佛看到父亲正慈爱地看着我。

"你的父亲已去世多年，你却死死地纠缠着他不肯放手，你责备父亲'走'得早，不能接受他自己的命运轨迹。"周虹老师一语中的。

可是，我思念父亲，是因为我爱他，我没有冒犯他的意思啊？我依然充满疑惑。

后来，跟随周虹老师学习了一段时间后，再回望那个时候，才真正看懂周虹老师拥有穿越时间维度的"神器"。因为，老师尊重所有生命，对任何事件都有接纳之心。而那时的我还停留在小孩子对父母之爱无限度地索要阶段，即便是父亲已离世多年，我依然如此执着地索要。老师拥有"读心"之器，她看透了我，因为她非常懂得一个不愿长大的小孩子的心思。从她的视角看，满眼皆是穿着成人外衣却根本没有长大的孩子。

"你停留在原地，用一个受伤者的心态沉浸在悲痛之中，你觉得你现在是几岁？"在"家庭系统排列"的现场，周虹老师问我。

我几岁？我反问我自己。平时想起父亲，我总是停留在儿时的记忆——我可以随时撒娇、闹脾气，索取父亲对我的关注。记忆中的哥哥姐姐都好高大，我那么瘦小，我想永远趴在父亲的肩膀上，那种感觉好幸福、好安全。我眼前出现了一个小女孩儿，大概十几岁，我看到她在时光隧道中，从三岁走到十岁，然后步履艰难地走向二十岁、三十岁，却只在成人的阶段短暂停留，便转身折返！之后，又反复着这一过程，始终不能真正长大。这不就是我的内心轨迹吗？原来，是老师运用"抽离"之器让我暂时脱离自身角色，用旁观者的角度、用一个四十多岁成熟女人的心态审视自己。于是，我看到了一个不愿长大的孩子，在人生轨道中反复往返，无法前进。

"全息角色"之器

老师再次请出两位虹汇会员，分别代表我的老公和儿子，老师让我看着老公代表说一句话。

"为什么？你为什么要这样对我？"我愤怒地质问。

"你现在什么感觉？"老公代表没有丝毫反应，只是平静地望向我。周虹老师便走上前来问老公代表。

"我没有任何感觉。"老公代表说，"她要得太多，我给不了。"

"那你生气吗？"

"不生气，我感觉自己比较平静。"

"你想对儿子说什么？"周虹老师又来到我的身边，问道。

"宝贝，妈妈爱你！"我动情地说。

老师问到孩子代表："听到这句话时，你有什么感觉？"

"嗯,好像只能收到一点点信息。"孩子代表回答,"妈妈好像比我还小,我要哄她。"

老师运用"全息角色"之器,可以展现各个角色的内心世界。这次只是简单诠释了两三个角色,已让我非常震惊。她可以深入"链接"对方,站在对方的角度去体验各种感受。后来,我也通过"修行"得到了"全息角色"之器,短时间便可以获得对方的同理心——我都变成他了,还能不知道他怎么想的、他想要什么吗?

"探索真相"之器

周虹老师继续看向我:"你和他们一同生活了这么多年,竟然像局外人一样没有'链接',你对老公和对父亲说了同样的话,你把老公投射成了父亲,你想在他那得到父爱!"面对周虹老师这突如其来的严厉话语,我一时呆住了。

"这次家庭系统排列呈现的结果是,你的老公没有妻子,你的孩子没有母亲,你说他们冤不冤?亏不亏?他们天天过的是什么样的日子?"老师这段话像是一声晴天霹雳,震醒了沉睡的我,我再次从观影者的角度回顾过往,一桩桩一件件,如电影画面一般出现在我的眼前,家人的苦和痛让我内心充满了愧疚和自责。长期以来,我都被内在那个不愿意长大的小女孩儿掌控着,折磨着自己,折磨着家人!原来,这才是真相!

在周虹老师的引领下,我向父亲代表磕头叩拜。父亲给了我生命,把我抚养长大已经够了,从现在起,我真正向他告别,从这一刻起,我决定要长大,真正做我自己!

与父亲和解后,我转身对老公代表深深鞠躬,虔诚地请求老公的原谅,我要回归"妻子位",做他真正的爱人。接着,我又望向儿子代表:"宝贝,原谅妈妈,今后我要回归母亲的'贵位',做一个称职的妈妈,好好地爱你!"

我虔诚地道歉,真诚地承诺,感恩家人长久以来对我的包容,他们还是一如既往地爱着我,同样,我也接纳那个曾经不想长大的自己。我们一起运用"和解"之器,彼此的心紧紧地靠在了一起。

当我启动"探索真相"之器勇敢剖析自己时,周虹老师就像一位医者,给我做了一次手术，通过家庭系统排列让我得以"抽离"。当穿越时光隧道，对话"全息角色"并进行"和解"后，藏在我体内的那个忧伤的不愿长大的小女孩儿终于决心要长大了。我终于明白幸福与安全感来自成熟的内心，而不是伸手向外索取！我看清自己并开始关注家人，才发觉老公一直不离不弃地陪伴着我，细心地照顾着我，在工作上支持着我，在家里承担和操劳着各种大事小情。孩子在他的细心照料下，已经长成一米八的"白马王子"。我是多么幸运和幸福的小女人呀！可这些，我以前都视而不见。

现在的我终于冲破了那个不断往返的死循环，持续走在成长的路上。

"内在的小孩儿"长大了

下面跟我一起看看现在的日常生活场景吧。

"老公，那个外地的客户已经约好了，下周有时间吗？咱们一起出差吧。到了那儿，我来干活，你去泡温泉！"

"老公，我就坐你的车最有安全感，心里特别踏实。"

"老公，这饭吃来吃去，我还是觉得你做的最好吃，因为你最懂我。"

"老公，看，我给你买了新衣服，你试试合适不？"

长大真好！我终于从一个在苦水中泡着的怨妇，成为一个和颜悦色的美丽女人。

长大真好！我成为一个真正的母亲，体会着当下每一刻的幸福。

放暑假了，上大学的儿子回到家，左邻右舍、亲朋好友看到这个彬彬有礼、谦虚懂事、高大帅气的大男孩，都对他赞不绝口，直夸我有福气。

长大真好！作为一个"手艺人"，我以往在工作中的疲惫和无力感如今荡然无存，反而更加深爱我的职业，享受着工作带来的价值感和满足感，我的职业生涯因为这份快乐被得到了无限期的延伸。

长大真好！我开始感恩每一位在人海中相遇的人。内心平静，面带微笑。

长大真好！我爱上了探索和学习各种无形的"能量源泉"之器，运用它们发现这世间充满了爱和温情。

上善若水 水善利万物而不争

德全藏象

与养父母亲密"链接"
——被领养的孩子获得圆满人生

"**她**是路边捡来的野孩子!"
"她不是父母亲生的!"
"她的亲生父母太狠心了,没有满月就把她送人了!"
……

我出生没多久就被抱养,从小就生活在歧视和嘲笑中,因此形成了多疑孤僻的性格,对待人生中的各种关系倍感焦虑,无法建立安全感。也正因如此,在我生命中一直存在一道深深的鸿沟,阻碍着我与养父母之间的情感。

我深知养父母的养育之恩大如天,却不知自己此生能否跨越那道鸿沟。但是,我真的太想跨越它了,这个愿望越来越强烈,我一定要实现!于是,我踏上了家庭幸福文化学习之路,渐渐成为一个"藏器于身"的女人。2021年,虹汇的"孝义天下之父亲节"专场活动前后,我收藏的"孝义"之器终于有机会施展它的"法力"了。

情绪持续稳定

闻听活动时间,我就开始对父母翘首以盼了。我将创造条件带着方案去沟通。于是,我先拿出"情绪持续稳定"之器,给自己一个信念:无论什么结果，我都不轻言放弃，至少先对父母其中一人完成圆满的孝礼（我计划先"搞定"老妈）。

提前打电话约好时间后，我便拎着礼物前往父母家，和母亲聊得开心之时，我见机行事："妈，这周末您有啥安排吗？"

母亲回应："没啥安排。"

"哦，这个周末正好是父亲节，虹汇组织了一个父亲节专场活动，我想邀请您和我爸参加。"

妈妈出人意料地沉下脸来，说："不去，你去学习我们管不了，但别给我们找事儿。"

若是在以前，我一定会当即来个"回马枪"，将双方置于尴尬的僵持场面，而现在我有"情绪持续稳定"之器傍身，可以随时打开"调频"之器，于是我抱着妈妈的胳膊进入撒娇状态："去嘛、去嘛，您就答应女儿去吧！"可是糖衣炮弹连番轰炸后依然无果，妈妈就是不松口。

"情绪持续稳定"之器持续发挥力量，我没有产生以往的焦虑，发现妈妈听到这些话，脸上露出了嫣然一笑，这已经令我满足了。

回到家中，虹汇课程群的语音消息让我顿时清醒："父亲节活动的主角是爸爸，请大家一定在邀约父母时要有眼色、不强求，父母来不了现场的家庭，自己来也可以。"

不能放弃！我再次来到父母家中，略带惶恐地对爸爸说："爸，虹汇这周末有一个父亲节专场活动，想请你陪我一起去参加！"爸爸还没回答，一旁老妈又接话了："说过了不去、不去！你咋还不死心？嫁出去的闺女，想干啥干啥，我们管不了，以后你别说这些了……"

一时间，屋里鸦雀无声……"情绪持续稳定"之器虽然怀揣在身，可当时我的内心已翻起汹涌波涛。

定一定神，"黑之极"之器随即降临。"黑之极"，指人在至暗时刻，启动"厚黑"的能力，执黑守白，绝地反击。在"静默"之器中一连引发"内核驱动力""正面表达""勇敢做自己"之器，让我这一次面对母亲时犹如神助。我语速平缓地回应："妈，您不想去可以，我这次只邀请我爸去……"（我也没有忘记每句话都运用"拉长腔"之器）话音未落，我已经感知大脑里长期被捆绑的"神经元"刹那间解套——那个曾在父母面前一直违心、隐忍，不敢真实做自己的我，今天"解怵出坑"了。

与爸爸再次四目相对时，我已落泪："爸，这次我只想单独和您过一个有意义的父亲节，我有什么错吗？呜……呜……"说完更加动情地哭了起来。

看到我真的哭了，爸爸措手不及地安抚道："好，我去，我去参加，正好去看看你们究竟学的啥？"一波三折之后，"藏器于身"的我最终如愿邀请到爸爸全程参与了"孝义天下之父亲节"专场活动。

滋　养

活动那天，一进会所，爸爸便感到特别温暖和踏实，虹汇总监团的服务，周虹老师字字珠玑、铿锵有力的开场与总结，孩子向父母一次次行叩拜大礼的仪式，一对对父母与孩子参与互动的同频共振，以及我们父女之间从未有过的全然敞开的交流……我的爸爸完全被"颠覆"了，他被这个爱的能量场震撼了。

"这就是你学习的地方？"

"这就是你的老师？"

"这次活动参加的父母还真是挺多的，阵势搞得也挺大的……"

父亲激动地问了好多也说了好多，我知道他已经放松下来，渐入佳境。

"是的，爸，我这几年就是在这里学习的。"我及时回应，内心充满骄傲和喜悦。

在接下来的活动中，所有人都在一次次鞠躬、凝望和对话中被深深地滋养。

人生三十七载，就在短短几十分钟内，我又有了突破：我第一次在众人面前与养父拥抱、亲吻，真正"链接"上了来自生命源头的力量支持与滋养，原来我心中一直是把养父母当亲生父母的！

最触动爸爸的应该是"真心话吐槽"环节，当时我是带着深深的罪恶感毫无遮掩地吐露衷肠的。

"爸爸，为什么不早点告诉我你们不是我亲生父母？"

"爸爸，为什么既然把我抱回来了，小时候却将我送到姥姥家养大，不让我待在你们身边？我很害怕，你们知道吗？"

"爸爸，你和妈妈都很偏心，你们根本不认可我，你们都重男轻女，我很伤心……"

"爸爸，我从小就怕你们也不要我了怎么办？我真的很怕你们！"

……

我哭得一塌糊涂，但心里很通透。这一刻，深埋在心底几十年的"心理垃圾"正在溶解，让它们充分在阳光下与我的生命解离吧！

年迈的父亲愧疚地说："让你受委屈了，闺女。在那个年代，爸爸妈妈也很难，有些事情不跟你讲，都是迫不得已。其实你现在比你哥哥强，三个孩子中你也是最让我们省心的，你妈和我都心知肚明。现在你还不断学习、成长，爸爸误解你了，以后我们更放心了……"说着，爸爸的眼泪夺眶而出，我知道他也在释放着自己的苦与痛，"你妈直性子你是知道的，有时候她说话狠，但她是在意你的，她也怕失去你……"

此时，爸爸无奈的眼神中透露着一丝伤感，望着他的侧脸，我看到的是他衰老的容颜，那是他历经沧桑、拼尽全力为家人付出几十年的缩影……"看见即穿越"，当两颗敞开的心互相碰撞之后，便更加亲密了。

仁义礼孝

养父母胜似亲生父母，那天如此隆重的仪式感让我幡然醒悟，我日日夜夜期盼的亲生父母的爱不是也正是如此吗？虽然养母没能到现场，但我与养父的关系已经圆满，这预示着我人生一半将圆满，我会将"仁义礼孝"之器铭刻于心。孝敬父母不一定只在"当下"，以后的日子还长，我不需要再证明什么，活好自己才是最大的孝顺。与亲生父母和解，对养父母感恩，报答他们的养育之恩，将是我一生的功课。

独 活

一周后，我们一家四口驱车看望养父母。再次见面，已是完全不一样的场景——爸爸妈妈都变了。这次，妈妈居然不让我做任何家务，我们一家四口只管吃好、玩儿好……我突然有一种被宠上天的感觉。我与妈妈的沟通模式已完全告别了以往的"互怼"模式；而在和爸爸的交谈之中，我不由自主地撒着娇，逗得爸爸哈哈大笑，好像在潜意识里我们俩是好久不见的好朋友……原来，"藏器于身"的女人在不经意间就可以使自己与家人之间的关系悄然发生微妙的变化。相信下次活动，我一定可以邀请到爸爸妈妈一同参加。

看着养父母如此放松的状态，我从心底无限感恩，感恩此次活动为我推开尘封多年的亲情之门。我知道我是个"罪人"，但我更愿意拎着"罪恶感"选择"独活"。"独活"不是狭义地指独自过活，而是要用让自己活得更好、让自己的小家庭更幸福来回报父母。

我虽然是被领养的孩子，但我的人生仍然可以如此圆满。

路漫漫其修远兮！在人生路上，唯有无形的"文化瑰宝"才是女人自信的源泉，余生，我要多藏"文化宝器"于身，做高雅、成熟、有内涵的"大女主"，种下梧桐树，引得凤凰来。

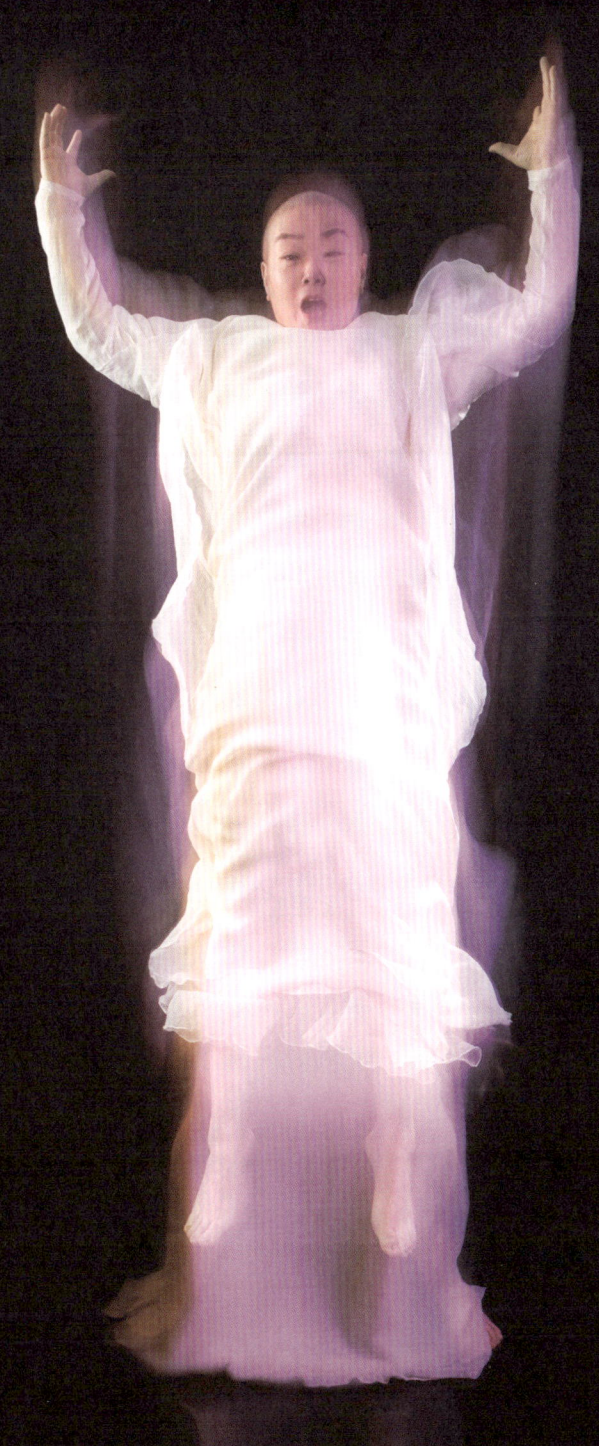

弹性

求同尊异

——五十岁成为"文化人"

"**到**处都是猫屎味儿,还让不让人回家了?'喵喵喵喵',一天到晚地叫,真烦人!"

女儿从小就喜欢小动物,对于我的抗议,她一向爱答不理。忍无可忍的我下了最后通牒:"把小猫送人,不然我出去租房。"

女儿毫不示弱:"我从小到大想养只猫都不行,现在我都结婚了,你还管我,难道只有等你死了,我才能养?"

我火冒三丈:"你是盼我早死吗?你爸走那么早,我一个人把你养大,还不如一只猫,你什么时候对我能像对小猫这么亲!"

女儿也火了:"你养我?从小你就把我送到姥姥家,是姥姥把我养大的!"

我更生气了:"还不都是为了你?你爸走那么早,我得给你挣钱呀!"

这就是四年前我们家的常态,我和女儿之间经常是剑拔弩张,家里弥漫着火药味儿。我对许多事情都是对抗的态度,不愿同外界交流,而且满腔的委屈和愤怒。

初识周虹老师时,她对我说:"你原本是个高人,但是内心与生命中的很多未完成的事件在纠缠着……"老师送我一幅字画——她亲手书写的苏轼的《赤壁怀古》。看着那些遒劲有力的文字:"大江东去,浪淘尽,千古风流人物……人生如梦，一樽还酹江月。"我的燥气逐渐弱了下来，往事如电影般一幕幕重现：13岁时父亲去世，我听母亲的话辍学了，为此我一直心存抱怨。后来，我的婚姻也出现了重大变故：老公出轨，后来车祸身亡。我难以接受，觉得自己是世界上最不幸的人……

受益于虹汇的家庭系统排列和私人定制服务，我在诸多的"文化之器"帮助下"解套"，五十岁开始重启生活，并且一步步成为"藏器于身"的"文化人"。

"臣服和解"之器

在家庭系统排列现场，在"看见"之器的强大威力之下，我看见了母亲的不容易：她不想让我受苦，希望我过得比她好。在"和解"之器的引领下，我俯身叩拜父母，放下对母亲的怨恨，然后收到了来自母亲和她身后族群源源不断的祝福。

面对已故伴侣代表，我看见了亡夫的无奈，过往的种种矛盾冲突，自己也有参与，我们鞠躬和解："对不起，我也有错！"我不再自大，对于已经发生的事情，唯有臣服："我接受这个事实，尊重你的选择。我已经为此付出了代价，我可以好好过自己的生活了！"

从那以后，我真的像是换了一个人，再也不用背着这些沉重的包袱，我不再是麻木的行尸走肉。

"运动清理"之器

因为常年的麻木、对抗，我的身体也变得虚弱、僵硬，就像周虹老师当初所言，"评判创造淤堵"，我的内心堆积了太多负面能量。

遵从虹汇私人定制团队给出的调整方案，我果断拿起了"运动"之器，通过大量的运动和排汗，僵硬的身体渐渐灵活，体内的淤堵越来越少，情绪也变得平稳起来。后来，我又慢慢迷上了民族舞、太极拳、太极刀……我发现：原来生活挺美好的，我真的是要"活"了。

"与潜意识共舞"之器

在虹汇七周年庆典上，妈妈们要"串烧"表演十八支活力劲爆的舞蹈。虽然已经年过五十，但我还是有点跃跃欲试，女儿也特别支持我："妈妈，只要你想做这件事，就去做吧，演出那天我去给你加油！"

经过一个月紧锣密鼓的排练，正式演出那天，看着镜子中的自己，我惊呆了：干练上扬的短发、精致到位的妆容、掩饰不住上扬的嘴角……往日那个悲悲戚戚、满腹牢骚的我哪儿去了？这还是我吗？

十几支劲爆的舞蹈下来，我好像沸腾了，从内到外像是在燃烧，有一刻甚至感觉不到身体的存在，只觉得在不停地往上飞，耳边回响着："你是最好的、最俏的、最妙的、最骄傲的……尽情地盛开吧……美丽，我要变得美丽，我要变成'万人迷'……"

从舞台上下来后，女儿连连惊叹："妈妈，我长这么大从来没见你这么开心过，这还是你吗？"后来经过学习，我才明白，随着身体的打开，我的心灵也在打开，在那一刻，我进入了"与潜意识共舞"的境界，体内沉睡多年的女性力量也破壳而出，天赋的女性能量悄然绽放。在接下来的日子里，我一改过去着装不讲究、大大咧咧的风格，不由自主想让自己美起来：挽起发髻，穿上一直喜欢但很少穿的中式裙装。轻柔的面料轻抚肌肤，我体会到一种久违的温柔和宁静，我开始收获对于女人来说至关重要的一件"文化宝器"——"自爱与滋养"。现在大家见到我，经常会忍不住赞叹："你现在的状态怎么这么好？"

"求同尊异"之器

经历了内心的清理与敞开，我和女儿之间也能够和平相处了，各种"文化之器"也不遗余力地发挥着神奇的作用。

首先是"道歉""真诚"之器。

"宝贝，对不起，在你需要我的时候，妈妈没能在你身边，真的很对不起你！"

"妈妈，我从来都没有怨过你，我知道你这辈子不容易。"母女俩都禁不住流下了眼泪，我们中间对抗的壁垒已悄然倒塌。

让我俩受益无穷的是"求同尊异"之器。对于女儿的做法，凡事我先"认同"，多找她的优点，比如她特别孝顺、对人有同理心、摄影技术一流……对于她的一些我暂时不能理解的做法，比如养各种小动物、买各种玩偶、赖床晚起，我就请出了"闭嘴"和"相信"之器，尊重她的做法，相信那是她当下的需要。

我同时还启动了"柔声、柔色、柔语"之器，拖着"长腔"跟女儿好好说话。女儿也变得温和细腻，人也"讲究"起来，开始对穿衣打扮提起了兴趣。有一天，当我从虹汇课堂回到家，她突然跟我宣布："妈妈，我要开始减肥了，不再熬夜，不点外卖……"而且说到做到，女儿的生活目标越来越清晰。

我又请出"细节化"之器。我问女儿："宝贝儿，你现在还想不想养猫？"

"当然想啦！我做梦都想！"

"那咱们先规划一下小猫到咱们家后的一些卫生细节吧……"女儿兴致勃勃参与讨论，一项项细化落实。第二天就去买了一只小猫，后来又陆陆续续买了两只。

现在每天下班回到家，门口就有三只可爱的小猫迎接我，它们一个个憨态可掬，可爱极了。

"文脉"之器

在我变得清透有序之后，自己许多与生俱来的爱好也引发了我更深入的思考：我喜欢中式家具和中式服装，喜爱书法，爱念古诗词，打起太极拳来轻车熟路，从事的行业也是中医小儿推拿。现在有了一系列"文化之器"傍身，我更加发自内心地想帮助那些孩子，孩子身体上的病更多是因为家庭文化生了病，我会不厌其烦地对家长们讲，对孩子要着眼于他25岁以后的成功和幸福，不能只关注孩子的问题……

我开始拿起"文化大器"之"文脉"来探索自己，发现自己其实一直行走在传统文化的这条"文脉"之上，由于在"修行"中放下了"我执"，走向了敞开、尊重和利他，因此我开始真正成为一个行走于"文脉"之上的高魅力值生命。

现在，我每天精神抖擞、心情愉悦，一花一草在我眼中都是那么美丽，我尽情地享受着自己热爱的事业和人生，对于自己的明天，我充满期待……

感谢周虹老师的慧眼和"金刚手段"，让我在解决自己问题的同时，"藏器于身"，五十岁重拾美好人生，不断迸发出生命激情。

吾心即宇宙

催眠
——疗愈生命，告别"假大空"

我是一个身藏许多无形"文化神器"的催眠师。在无数个为求助者催眠的案例中，"大盘"之器把控着我们一起去感受这些"文化之器"的神奇力量，去共同见证一个个生命被看见、被疗愈。

刘女士十分痛苦，请我为她做催眠，她想成为真诚的人，因为朋友们对她的评价是：不真诚、虚伪、"假大空"……

在催眠前的沟通中，她为了迎合我，依然强颜欢笑。

"放松"之器

"放松"之器会让人轻松地进入催眠状态，疗愈的效果也会更好。催眠疗愈正式开始："请做几个深呼吸……"

刘女士非常配合，很快就进入了很深的催眠状态。

……

她的声音有些颤抖："有点害怕，我走进了一个漆黑的房间，到处都是蜘蛛网，废旧的物品乱七八糟地堆放着，中间放着一口棺材。"

"安全感"之器

"安全感"之器稳定了她的情绪："我的声音会陪伴你、保护你。谁也不会伤害你,请相信你是安全的,现在看到的一切对你来说都是善意,请相信它们在帮助你成为真诚的人。"

"你看见什么了?"看她迟迟没有说话,我问道,"请问,你还要继续进行催眠疗愈吗?如果选择继续,你可以去看看棺材里面是什么。"

刘女士声音颤抖着说:"里面是……骨头。"

以我的催眠经验,这应该是和她的"假大空"有关系的人,于是继续引导:"这些骨头让你想到了谁?"

刘女士抽泣着:"爷爷、爸爸。"

"请再确定一下你来解决什么问题。"作为催眠师,在催眠过程中要时刻让自己和被催眠者清晰地知道催眠的目的是什么。

刘女士坚定地说:"我要做真诚的人。"

"释放"之器

我耐心地等待她向我倾诉,时刻准备着接下来的催眠内容。

她沉思了一会儿:"我回到了小时候,看见爸爸在讨好别人说一些虚假的话,我讨厌爸爸这样的说话方式,因为别人看我的眼神,让我感受到了那些人都讨厌我们。"

在催眠过程中,很多人潜意识中的童年回忆是痛苦的,这就是我们"内在的忧伤小孩儿"的记忆,潜意识没有从那段痛苦里走出来。如果一个人的潜意识无法对这些痛苦事件释怀,那么在现实生活里就无法体会到什么是真正的开心。

这时,"释放"之器让她表达出真实的情绪,她像是打开了潜意识的闸门,边哭边说:"爷爷,你为什么不喜欢我?因为我是女孩儿吗?妈妈没有生男孩儿有错吗?爸爸就是为了讨好你,才会成为虚假的人的……"

无形的"文化之器"让刘女士意识到了"假大空"的源头:爸爸是为了家人免受皮肉之苦,才去讨好爷爷。

一连串泪水从她的脸颊上滑落,却没有一点儿哭声。

"允许自己放声哭出来吧!"我顺势引导,"你看见了真相,就允许自己的情绪尽情流淌出来吧,这样问题才能更快解决。"说完,我就静静地等待她情绪的释放。

在催眠中释放得越多，生活里就会越轻松地活出自我。

"你现在有了'看见'的能力，你看见了父母的苦，现在你再看看爷爷是不是也很苦？他的暴力行为从哪里来？是不是谁都不容易……"

刘女士继续悲伤地哭着。

有了这些"文化重器"的积淀，我工作的下一步是让真诚掌控她人生的方向盘。

"独活"之器

接下来，我引导刘女士选择"独活"之器，带着"罪恶感"上路，把不属于自己的东西还给祖辈，余生做真诚的人。

"现在，请把'假大空'想象成一个物品，这个物品是什么？"

刘女士考虑了一下，说："木棒。"

"你面前有很多代表'假大空'的木棒，你想把它们还给谁？"我把选择权交给她。

"爷爷和爸爸。"

"好，你选择用自己的方式把这些代表'假大空'的木棒还给他们。"我的话音刚落，只听见刘女士不断地喘起粗气来。

"对，就是这样，你身边有很多木棒，代表了假话、大话、空话、虚伪、吹嘘、浮夸、欺骗……全部还给爷爷和爸爸，它们都不属于你，你只是他们的孩子，你无法代替他们承担这么多……请牢牢记住这个场景，当你觉得可以的时候给我一个回应。"

"唉……这是我从未有过的轻松啊。"许久之后，我听到刘女士长叹一声。

我同时也松了一口气，问道："爷爷和爸爸现在是什么状态？"

"他们很开心，愿意让我把这些还给他们。"

看着她开心的样子，我感叹无形"文化之器"让催眠进行得如此顺利。

"真诚"之器

"你还记得你做催眠疗愈的目的吗？"我又一次问。

"成为一个真诚的人。"刘女士的声音已变得沉稳了很多。

"接下来是一个特别重要的环节，我很好奇接下来你是否能成为真诚的人。

你的眼前出现很多的词语——真诚、靠谱、诚实、简单、纯粹、真挚、守信……这些词语围绕着你，以后，真诚将掌控你人生的方向盘……"

刘女士享受着"文化之器"疗愈的过程："我觉得自己变小了，周围的物体好大。"

这是催眠即将结束的"彩蛋"，是意外之喜："这个感受很好，你不再用虚伪强撑着自己，而是允许自己做真正的自己了。"

"人格完整"之器

在催眠过程中，我为刘女士植入了"人格完整"之器，将在未来生活中慢慢地践行：

了解自我，悦纳自我；

接受他人，善与人处；

正视现实，接受现实；

热爱生活，乐于工作；

能协调与控制情绪，心境良好；

人格完整和谐；

智力正常，心理行为符合年龄特征。

然后，我唤醒刘女士并结束本次催眠疗愈。

这些"文化之器"开始在生活中发酵，刘女士生命中的"假大空"被真诚、靠谱所替代，她变得越来越安静平和。在生活中，伴侣开始主动和她沟通交流，夫妻关系越来越融洽；孩子愿意靠近母亲说心里话，一家人开启了幸福生活之旅。在工作中，领导开始把重要的项目放心交给她，个人价值和社会价值得以彰显。被催眠者的良好改变，对于催眠师来说也是莫大的荣耀。

虹汇培优课程对于我来说，是让我拥有更多"器"的平台，最近我修到的"器"有"利生万物""融合""终生学习""适应未来""自我治疗""善意""善语""效率""看透""完善自我"。它们为我身边的人和所有虹汇会员都带来了改变，让生活朝向健康、成功、幸福的方向。

如今的我可以通过催眠找到更多的灵感，开发出更多疗愈生命的项目，帮助更多想离苦得乐的人。

藏器于身 待时而动

无条件的爱
——"无器"之苦,"有器"之乐

过去的我从来没有想过那些无形的"文化之器"与我有什么关系,总以为岁月一片静好,没有太多烦恼,直到亲身感受到"无器"之苦,才发现"器"之宝贵。

在正式进入虹汇学习之前,我只在虹汇的一次年末活动中见过周虹老师。令我印象最深的是老师打太极拳的精彩场景,她用太极充分诠释了刚柔并济、雌雄同体。而进入虹汇以后,我才发现她藏无数无形的"文化之器"于身,这更令我惊叹与敬佩。慢慢地,我也收获了各种各样的"文化之器",并将它们藏在自己身上,这些"器"也正在悄悄地改变着我的生活。

"无器"之苦

一次年末放假在家,脸色苍白的爸爸让我陪他去医院,并且还不让我告诉家里其他人。到医院后,我才知道是急性心肌梗死。那一刻我心中万分后怕,因为爸爸叫了我十分钟后,我才下楼,如果再晚一会儿……快速签完《手术告知书》,爸爸被推进了手术室,所幸手术很成功,爸爸得救了!

爸爸出院以后,本以为这一紧急事件就过去了,不料还有下文……

"是不是因为你没有及时陪你爸去医院才险些酿成大祸?"妈妈质问我,"你为什么不及时陪你爸去医院？"

甚至还有亲戚质问我："听说你爸要去医院你都不愿意陪着去？"一时间，生活不再平静，亲人的声讨将我淹没。

……

在这件事情发生以前，我本以为这个世界再怎么变，血缘关系都不会变。可当切身经历了这件事后，我才发现，越是亲近的人，一旦陌生起来更是可怕，有些事甚至难以释怀。当时的我一句话都说不出来，有一肚子的委屈和不解，却又无力应对。为了逃避亲人间的恶语相加，我有两年多都没有再回过家。这件事情就像个伤疤，随着时间的流逝，它已经变成了一个"结"，这大概就是一个"无器"之人的真实写照吧！

无条件的爱

在虹汇的这段时间里，我知道了"人生八大关系"，以及"温婉软语""不同声线表达"等"文化之器"，明白了想要获得幸福自在，不是只会工作赚钱就可以，而是要运用这些"器"去解决各种问题，对自我生命进行升级。

我将学到的这些"器"运用到生活中去，真真切切地感受到，当我选择改变的时候，我的生活也在悄悄地改变。而亲人之间，最需要的是"无条件的爱"之器。于是，对于家人的指责与抱怨，我也慢慢放下一些，那只是他们的说话方式而已。

"当年叫你下楼你不去，再晚一会你爸可就没命了！"后来我回家了，爸爸无意间开玩笑似地提及此事。因为早有准备，所以听到这些时我不再生气，意识到爸爸也只是说说而已，没有责备之意。如今我已是"有器之人"，便随手使出"释怀"之器将话题引向了另外一个方向："老爸，还是您遇事反应迅速、沉着冷静，您一直都是有福气的人！我是既佩服又羡慕。"

"嗯，不过啊，通过这件事情我也看到了你的孝顺，这么细心地照顾我，陪护了我三天三夜，都没怎么合眼。"爸爸表示认同地点了点头，微笑着说。

"您是我爸，用心照顾您是我应该做的。"说完，我们会心地笑了起来……

看，这就是来无影去无踪的"无条件的爱"之器，它将那个曾令我痛苦不堪的"结"化解的同时，又绘出一道绚烂的彩虹！

"幸亏你爸命大，当年也算抢救及时，想想就后怕！你要早点下楼就好了！"妈妈又提起这件事来了。

我已经不再委屈，带着歉意跟妈妈说："妈，您说得对，我要是早点下楼就更好了。我那次才知道急性心肌梗死的有效抢救时间是'黄金六小时'，所以，爸爸妈妈，以后你们如果有哪里不舒服，要第一时间跟我们说，如果我们不在身边，就请邻居帮忙送医院或者打'120'，一定要及时去医院。爸爸这件事对我们也是个警醒。"

妈妈听后若有所思，对爸爸说道："以后你自己的身体自己要清楚啊！幸好当时没事，要不然你让我咋办？"

听到妈妈说的这些，我拿出我学到的另一个文化之器"成就"："爸，您看，还是我妈最心疼您。妈妈，您也一样，也要注意身体，我们平时不在家，更要照顾好自己，我们在外面打拼才放心啊。"

姐姐这时嗔怪道："当时不舒服您也没有告诉我们其他人，只叫了妹妹去，如果当时真的发生危险，她一个人怎么能行呢？"

看到爸爸的脸色有点不自然，我赶紧"有眼色"地拿出"和颜悦色"之器，微笑着对姐姐说："姐，我知道你心疼我，你看老爸老妈都已经意识到了，咱要往前看，老爸老妈开心才是正事！"

爸爸开玩笑地说："她一直就是这样'气'我的！"

"原来你们都喜欢这样说话呀？好，你们继续，我去给你们倒水。"我的一句话逗乐了爸爸、妈妈和姐姐，他们不约而同地望向我，大概是觉得我像换了一个人似的。此时我才发现，"家和万事兴"之器是如此弥足珍贵。

紧接着，新冠肺炎疫情暴发，当时我正好过年放假在父母家，随着武汉疫情的严重，我准备返回郑州时遇到了前所未有的难题：没有任何交通工具可以载我去火车站。爸爸说："私家车开不出去，也没有出租车，只有走路去火车站了！"可这要走好几公里！这时，我怀揣"感恩""顺应天意"之器做了一个决定：发车前一天先试走一下测算时间，同时我感恩毕竟还有一条路可以让我去选择。因此，我不抱怨所遭遇的困难，而是拿起"勇敢无畏"之器大步前行！

发车当天，我们踩着路灯、冒着小雪，爸爸帮我拉着行李箱，我在后面跟着，像极了小时候的"跟屁虫"。看着爸爸拉着行李箱的背影，让我想起朱自清的《背影》，原来父亲也是"器之高人"，他把"无条件的爱"用行动送给了我。在这父爱如山的背影里，我心中的冰雪全部融化了，让我在冒雪远行的冬日里感到温暖如春，大概所有的父母都是这样无条件地爱着自己的孩子吧。就在那一刻，泪水不由得滑落脸颊，我收获了"爱的能量"之器，让我充满力量，无所畏惧！

当我拥有越来越多"文化之器"的时候，我发现这些"器"又会锤炼出更多的器，仿佛像是一种升级，让我变得柔软又坚定，并且心灵富足。

2021年7月20号这天，郑州遭遇特大暴雨，很多房子、车子被淹没，整个城市一片汪洋，甚至还有人再也醒不过来了……这几天，几乎每天都会接到来自亲人的问候。

"你那里还好吗？千万不要出门啊！"

"一定要注意安全啊！"

"备好水和吃的，对了，还有'充电宝'，有事时好随时与外界联系！"

我被浓浓的"无条件的爱"紧紧地包围着！

"无条件的爱"是一个神奇的"文化之器"，也悄悄地在我和孩子之间蔓延着。

今年期末成绩出来后，孩子问我："妈妈，我语文没考100分，只考了99.5分，你还爱我吗？"

"妈妈当然爱你了，宝贝！"我毫不犹豫地回答，"妈妈爱你是因为你是妈妈的孩子，妈妈对你的爱没有任何条件！"说完，我马上就收获了孩子开心、灿烂的笑容。这就是"无条件的爱"之器，它让纯真的孩子能感受到自己真的是被爱着的，自己是无比安全的。猛然间，我发现自己现在已能自如运用这个"神器"了。

来到虹汇，我还获得了很多"文化之器"："无条件的爱""父母关系""亲子关系""释怀""眼色""和颜悦色""接纳""看淡""信仰爱""种如是因，收如是果""感恩的能量""爱的能量""宽恕的能量""慈悲心""懂比爱更重要"，等等。而其中让我感受到拥有最强大威力的便是"无条件的爱"之器，它能给人输送源源不断的能量,是支撑着我们好好活下去的强大动力——一想到在这个世界的某个角落总有人默默地、无条件地爱着你,你一定会感到特别幸福吧!是啊,还有什么比这更宝贵呢!

高慧之境

看见

——从叛逆到"学霸","00后"孩子说明书

如果你有"00后"孩子,那么我送你两件"武器"藏身——"求同存异""求同尊异"。

在我女儿十四岁上初三的时候,她的叛逆让我苦不堪言。我试图纠正女儿"爱打扮"的习惯,于是开始了和女儿长达一年半的对抗。

"头发披散着,不像个中学生。"我自以为是地提醒她。

"我首先是个人,其次才是个中学生。"女儿据理力争。

我仍然试图劝女儿听我的:"头发扎起来看着利索,不遮眼睛。"

"那是你以为的,我觉得不挡。"女儿依然毫不示弱。

基本上每天早上送女儿上学,我俩都是以这样的方式不欢而散的。

女儿进入高中一年级不到三个月,就因逃课外出看电影被学校处分停课两周。看到女儿,我对她恶语相加并恐吓:"等你爸爸回家,看不打断你的腿。"

我并没有领女儿回家,让她自己看着办。我无法接受女儿被学校处分这一事实,经历了近七天不休不眠之夜后,我无力工作且产生厌世情绪。老公看见我的状态极差,带着女儿和我一行三人来求助"藏器于身"的周虹老师。

看见孩子的苦

周虹老师首先询问我老公:"你觉得孩子有问题吗?"

老公说:"大问题没有,我看见孩子很苦,我们对她关爱太少了,女儿能活着就不错了。"

周虹老师问我女儿:"你觉得面前的问题你能扛过去吗?"

女儿坚定地说:"我觉得没问题,只要有爸爸在,这点波折我能挺过去。"女儿接着说,"老师,您知道吗?当我爸去学校接我时,我本以为他会像妈妈说的那样,见面就打断我的腿。但爸爸接我时说的第一句话是,'妞妞你瘦了!'"女儿说到这里时,已是泪流满面,泣不成声。

周虹老师又问我:"你心里有什么过不去的坎儿,说说看?"

我哭泣着说:"女儿不省心,我担心她,怕她再次犯错没学上……"

周虹老师说:"你们全家都不容易啊!老公没问题,女儿没问题,你女儿能在你手下活到今天也是万幸,要成长的是你啊!"

转瞬间,我在虹汇已经学习近四年。一路走来,沉浸在虹汇无形文化的海洋里,我收获到各种形式的真正的"看见"之器,并运用到生活中,才有了现在我和女儿的融洽相处,以及一家人的幸福生活。

看见潜意识

刚到虹汇学习的前三个月,我从不缺课,一门心思想解决女儿学习不主动的问题。我多年养成的习性和虹汇文化有不少冲突,内心的焦虑也一直没停下来,依然寝食难安。

记得2018年3月中旬一个晚上,半睡半醒的我梦见女儿溺水而亡,她穿着平时上学时的衣服,长发垂在平板车上,当时那种真实的离去场景是我无法接受的。梦中,我后悔不该对她那么苛刻,后悔从没好好拥抱过她一次,后悔没有给她应有的母爱,后悔从没有无条件地爱过她……哭喊中,我惊醒了,惊恐到天明。

上课时,我请教周虹老师。

"也许你的潜意识是你真实想法的呈现,是你想让她死,你认为你痛苦的根源是女儿,她死了你就没烦恼了。"

我伤心地说:"老师,我都是为女儿好,我不想让她死!我梦中看见躺在平板车上瘦弱苍白的女儿，感到撕心裂肺地痛，我只想让她活着，我再也不要求她按我的想法活着，不管学习成绩如何，我都接受。"

老师说："看见潜意识不易，也祝福你恶念'见光死'。以后，你可以活在光明里，你女儿也可以活好她自己了。"

经历这次潜意识中的死亡"链接"，我彻底放下了对女儿的掌控，只要她活着就好，别无他求，我不再挑剔、指责她了。

看见并酬赏

老话常说："放下执念，心存美好。"其实这句话适用于人生的任何关系，包括亲子关系。

在周虹老师和虹汇姐妹的开导帮助下，我渐渐"看见"女儿的独立自主，于是放手让她对自己的事做主。

女儿高一时，她们班里有近三分之一的同学报了雅思补习班，我问她："你报雅思补习班吗？"

女儿说："学校每天有四个老师教英语，分别教听、说、读、写，如果这样还学不会，还能指望外面培训的老师吗？放心，我有信心不上补习班一样能考好，省点钱吧。"

我有点怀疑，试探着问："能行吗？"

女儿自信满满地说："我的学习我自己很清楚，报雅思补习班需要15000元，若我不报班就能考过，您拿出一部分钱奖励我，如何？"

"没问题！雅思若考过7.5分奖5680元，考过7分奖3680元，考过6.5分奖2680元，考过6分奖680元！"我也"放大招"了。

"这等级差异有点大呀！不过，咱俩一言为定，我仿佛看见自己有大把的钱啦！"女儿调皮地冲我眨了眨眼。

果真，女儿第一次考雅思6.5分通过。

我兑现承诺，给女儿包了个大红包。惊喜之余，我从心底开始更加尊重女儿，更加认识到她是那么独立有主见！

看见并跟随

之前因为女儿爱打扮,我和她对抗了那么久。在虹汇学习之后,我开始运用"看见高贵美好"之器,再配合"幽默风趣"之器,珠联璧合,效果极佳。

女儿生来漂亮,还会化妆会打扮,在学校十分引人注目。之前我根本无法接受,非常排斥,始终认为过分关注外表会影响她的学习。但现在,我不仅允许,而且开始欣赏女儿的美,赞叹她的青春飞扬。

当女儿穿上一身新的学生裙,我会开玩笑地说:"今天这身衣服显得你又高又瘦腿又长,像我年轻时的样子,你是不是应该感谢我的基因呀?"

"那是那是,龙生龙凤生凤嘛!"女儿非常配合。

我虚心求教:"衣柜里的几十条格子短裙,我看都是一个样,为什么买这么多?"

女儿笑嘻嘻说:"每条裙子都不一样,每条都有自己的名称,年轻人的穿搭你不懂……唉,'00后'与'70后'有十条代沟吧!"

"啧啧!你这衣服的腰围我也能穿,只是短了点。"我自言自语道。

"妈妈,你是我见过的你们同龄人里,背部最挺拔、身材气质最棒的,你穿什么衣服都好看!"女儿的"彩虹屁"让我很是开心。

"那是,卖衣服的店员都喜欢我这样的人,可惜我节俭惯了,买得少。"我还在自我陶醉。

"等我上班'挣大钱'了,给您办张'黑金卡',随便买,有我在,您就等着安享晚年吧!哈哈……"女儿抱着我,开心地说。

……

时代真的不一样了,女儿曾经对我说过,漂亮女孩儿在学校是有特权的:更有自信,更容易交到朋友。因为漂亮女孩儿更受瞩目,所以这会促使她方方面面都要表现好。女儿还透露了一个小秘密,她说她成绩最好的那几年,就是她逐渐变漂亮的那几年,你们敢相信吗?反正我是相信了。

虹汇的理念是:把学习的意义涵盖在生活的意义当中,生活的意义实现,学习的意义自然实现!

"00后"的女孩子，大多是高自尊的孩子，她们是既要富有、独立，还要美丽、大方。家有女儿的妈妈们，请允许女儿适度打扮，穿漂亮衣服，不要过度限制她们。

时至今日，"看见高贵美好"之器我已运用得非常娴熟，它不仅帮我持续发现家人、朋友、同事身上的美好，还助我收获了幸福的家庭、知心的朋友、更好的自己。

看见并尊重

换句话说，就是活好自己，尊重差异。

我在虹汇学习之后，完全放下了对女儿的掌控，她不是我的私有财产，她也不用活成我想要的样子。她是独立的个体，她有自己的认知，对她，我只有祝福与赞美。

女儿越来越阳光自信，成绩稳定上升，在全省排名第一的高中里成绩稳定在班级前五名。高中三年，我对女儿学业的了解，仅限于每个学期末她拿回来的优秀成绩单和三好学生奖状。我所做的就是把奖状和成绩发至微信家庭群，并给她发红包以示鼓励，家庭群里的亲人也给了女儿许多褒奖和祝福。

放下掌控，成就了女儿，也解放了自己。

看见并相信

当我不再担心孩子，而是选择相信——相信孩子身上蕴藏着巨大的能量，相信她有能力掌控自己的人生时，女儿给了她自己一份满意的答卷。

2021年1月，女儿如愿拿到了她心仪的世界排名前五十名的那所大学的录取通知书。她踌躇满志地说："妈妈，我的生活不是你设计的那样，不仅仅是要有房、有车、有工作。如果仅仅是这些，我命好，生来就有。我还要探索外面的世界，去寻找自己的'诗和远方'。"

"人生就是经历，活出自我最好，妈妈相信你。"

女儿已经长大，她自己会探寻属于自己的璀璨人生，我唯有相信和祝福！

在虹汇学习四年，我学会了这么多"看见"之器："看见潜意识""看见并跟随""看见并尊重""看见并相信"还有"成就"和"幽默风趣",这些无形的财富,让我的人生不再"单曲循环"。我从心底感谢这段经历给予我"看见真实自己"的机会,让我和女儿携手渡过"大劫难"后依然相爱。

今后,让我们继续好好相爱吧!

现在的我更像是一个闲人,运用各种"看见"之器关注自己,让自己开心,工作、养花、练琴、烹饪、书法……生活平静而喜乐。我会终生学习,因为我渴望拥有更多无形的"文化之器",把它们藏之于身。我也相信,当我是一个"藏器于身"的女人时,我就像一束光,温暖自己、照亮他人,让自己和身边的人的生活更加美好而有意义。

知其雄 守其雌

保家卫国

执黑守白

——当伴侣对家庭财富有破坏习性时，及时止损

2017年，我的人生"翻车"了……

那一年，我36岁，儿子6岁。我遭遇了人生重创——我的老公背负巨额债务，我们的房子被银行没收。

我无法抑制内心的焦虑和恐慌，想不通究竟是怎么了？上天明明发给我一手好牌，却被我打得稀巴烂！我的生活为什么会过成这样？一定是哪里出了问题！我不甘心！我要寻找出口！可是，出口究竟在哪里？

迷茫、无助、绝望之时，上天派来了一位"神秘使者"。在我的眼中，"神秘使者"身披五彩衣，手持魔法棒，玉手一挥，魔法棒瞬间噼啪作响，闪耀金光，无数个隐形法器嗖嗖嗖地破棒而出，救人于危难，助人于急需。她就是虹汇创始人、幸福家庭文化推广者周虹老师。

在虹汇课堂上，我深切地感受到老师身上蕴藏着许多"文化宝器"，让人被她深深地吸引，不由自主地想向她靠近，但又会对她心存敬畏。这不，轮到我提问时，我怯怯地说："我自认为很努力上进，上了很多课程，拜了很多老师去学习。可是为什么我的生活却越过越糟糕呢？现在，我老公欠下巨额外债，无情地离开了我们，只剩下我一个人带孩子租房子住……"谈起自己的处境，我忍不住心酸委屈，泣不成声。

她那双深邃的可以穿透灵魂的大眼睛望着我，用"直抵真相"之器意味深长地说："这一切都是你允许的，都是你想要的啊！这出大戏全都是因为有了你的参与才能成功上演，是时候该醒醒啦！你这位幕后黑手应该勇敢地走上台来，重新设计你的人生！"

听了老师的话，我的头像炸开了锅，我是导演、编剧、演员？我不敢承认，只是假装明白地点点头。

周虹老师运用家庭系统排列文化中的"家庭系统中的隐秘动力之看见父母的苦""重复性的破坏力""与父母和解"之器，为我做了一个不施麻药的"大手术"。于是，我终于看见了真相：问题来临时，母亲自始至终陪伴在我身边，父亲如大山般无言地支持和保护着我。

周虹老师说："这么多苦难，你想报复谁？你恨了父母这么多年，不惜破坏自己的生活去伤害父母，这一切都是误会！你好好向父母忏悔、和解吧。"

我跟随老师的引导，面对家庭系统排列现场的父母代表说道："爸爸妈妈，我看见你们的爱了。你们的爱就像阳光，天天照耀着我，但是我却不自知，我知道错了，对不起！从今天开始，我臣服于你们，不再评判，也不再破坏，不再报复。我要活好我自己，为了我的孩子，我要成为和你们不一样的人，我要过得和你们不一样，请你们祝福我！"

随着与父母的和解，我的生活"重启"了，也渐渐步入了"正道"，尽管"无常"的考验时时光临。但我是"虹汇女人"，我有无形的"法器"护身，何惧？

带着顽强的生命力与老公复婚后，我仍然面临着巨额债务。老公的工资被法院冻结，又时常被催债，我背负了许多难言之隐，老公不能承担养家的责任，意味着我们一家四口的衣食住行、大小开支、里外事务，全部落在我一个人身上。我心里苦，这条路注定艰难，但这是自己的选择，只能咬紧牙关，与周虹老师传授给我的"熬""忍""扛""干""做""炼"之器相伴，变强，变更强！趁着年轻，吃点苦头不算什么，只要能守好自己、守好这个家，也是值得。

2020年底，我接到了三家银行的电话，分别告知我信用卡逾期或贷款到期。

较之以前的焦虑、"炸毛"，这次，我平静了许多。深思熟虑后，我稳住心神，在无形的文化宝库里搜索出"横刀立马"和"止损"之器：我有两张大额度信用卡，在老公手里已拖了近十年之久仍未结清。这几年老公一直是靠着刷信用卡套现投机取巧度日，最终害人害己！这次，必须把这个毒瘤给彻底清除，免留后患！我当机立断。

接着我拿出"知黑守白"之器，给老公打电话："老公，晚上早点回家啊，有一件非常非常重要的事情要和你商量。"

老公不耐烦地说："啥事儿啊？我晚上还加班呢！"

"等你回来就知道了，这件事全靠你了，没你不行啊！"我温柔又神秘地说道。

老公听了，嘿嘿地笑道："咦，我这么重要呀？那好吧，晚上给我做饭，我回家吃饭！"他毫无防备地跟随着我的"破局"节奏。

下班后，我赶紧去买菜、做饭，孩子们出去玩儿了，家里异常安静，我一个人在厨房，边忙活边思考、反省自己：以前是自己不在位、不理事、不操心；不能承担起家庭里女主人的责任；对老公缺少关怀，夫妻缺乏沟通、交流；对危险事件没有风险预警意识；对家庭财务开支疏于管理、缺乏边界，等等，才造成了家庭财富的不断流失，致使生活出现巨大的挫折。这次，是危机，亦是转机。我必须把握机会，拿出自己的力量，表明自己的立场，守护自己的权益。

等老公回来时，可口的饭菜、啤酒、餐后的水果均已摆在桌上。酒足饭饱后，时机到了。

"老公，我名下的两张信用卡，在你手里已经刷了近十年，期间曾经多次逾期，我的个人征信也屡次受影响。如今，这两张卡又逾期了，银行天天打电话到我单位催款，已经严重影响了我的工作和生活。另外，你用我名义贷出来的那笔贷款也到期了，马上面临逾期。这些债务都是迫在眉睫啊！""横刀立马"之器依然威风凛凛。

老公一听是债务的事情，就很反感："我有什么办法啊？我没钱！"他显得那样无力。

"我知道你现在也是压力很大，心有余而力不足。可是问题来了，钱是你刷的、你用的，我不找你找谁？问题来了，我们必须面对，寻找解决的办法啊！"我又拿出"平静接纳"之器。

老公不吭声，我继续请出"厚黑""因势利导"之器："你看我们一家四口目前所有的经济来源，全靠我的工资来维持生计。如果这件事情处理不好，最坏的结果是什么？单位现在对员工行为规范查得很严，后续事情恶化，轻则冻结我的工资，重则'丢饭碗'。我们承受不起呀！你自己可以什么都不在乎，可是我们的孩子怎么办呢？不能因为我们的过失坑害了孩子啊！"我就事论事，一切都在情理之中。

老公眼圈红红的，沉默许久："那你说怎么办？不行的话，就把这套房子卖了！"他已毫无招架之力。

听了老公的话，我很痛心。

这套房子对我和儿子来讲，有着特殊的意义。在最艰难的时候，是这套房子为我们遮风挡雨，让我们体验到了家的温暖和安全。这套房子里，有太多美好的记忆……我舍不得。

但如果真的要卖，那就要卖得有价值！

我使出了"生活怎么来，我们怎么过"和"执黑守白"之器："要卖，可以！但是有两点，我必须跟你讲清楚。第一，我名下你的债务，到此为止！你外面的所有债务由自己来承担，今后我不会再为你承担任何债务。第二，房子买卖所有的手续，包括房款，我自己来处理，不用你插手！"我的话语思路清晰、铿锵有力，老公对此有些猝不及防。

"我来找中介处理，不用你操心了。"老公着急地说。

"不用了，这房子是我个人的，我自己的事情自己来负责。"我异常坚定，不再是小女孩，而是"大女人"。

老公有些生气："你现在怎么变成这样了？"他此时才有了对抗，为时已晚。

我面带微笑，平静地说："那得感谢你带给我的磨炼啊，我已经长大了，这些小事就不用你操心了。""藏器于身"的女人都是被生活淬炼出来的。

接下来，找客户、谈价格、签合同、接收房款、还贷款、结清信用卡、销户，一切都很顺利。事情处理完，我长长地出了一口气。由于藏于身上的那些"文化之器"发挥出了作用，促使我选择对风险危机及时止损，敢于横刀立马为我和孩子筑起安全保障。

来日方长，令我欣喜的是，在不知不觉中，自己已经长大了！我是"藏器于身"的女人了，我要自己把好人生的方向盘。我要为自己的人生负百分百的责任。我自己的事情不会再依靠他人。将来我会有更多的无形"文化之器"傍身，为我刻画出更加坚定的信念：守好自己，守好家，守好财富，一切都会越来越好。

当我的内在有了力量，儿子内在的力量也在逐渐强大，他现在敢于果断拒绝我们不合理的要求，还经常跟爸爸撒娇开玩笑。

老公的变化也很大，他在本职工作之余做起了兼职，还利用自己的口才优势在直播平台做主持人，赚取零花钱的同时也愉悦了心情。他现在还经常给我发红包，或者下班给孩子们买些好吃的。

如今，我们一家人心贴心，开心踏实地过着小日子，朝着更加美好的未来共同奋斗着，创造着我们想要的生活，也让我藏于身上的"文化之器"传承下去，文脉不断，生命永续！

共生

善胜敌者 胜于无形

把困境当作课题研究

——"闹人"的婆婆偃旗息鼓

家有一老,如有一宝。可如果家中这一老,时常"闹人",您是否还依然视他为"宝"呢?

过去,我一直认为"闹人"的婆婆就是我的"克星",每次同她见面,我都如同面临一场没有预警的暴风雨,无助、害怕至极。在婚姻中逆水行舟数十年,当我试着站在强者的角度,渐渐把"识人"之器植入自己的身体时,我开始把自己生活中的困境当作科学课题那样去研究,于是终于慢慢找到了婆婆"闹人"的规律,看见了婆婆的"苦",她是我此生都要去供养的"宝"。

破局之"前奏"

2020年春节,我们一家三口给公婆磕头、洗脚、捧上红包,三代人一起欢度春节。大年初一到初四的白天,全家喜乐平静、一片祥和。可到了初四晚上,婆婆"闹人"的"程序"还是如期推进,只是这一次,我们夫妻不再害怕、不再逃避……

"老李,该睡觉了,你的手机声音就不能小点?"隔着墙也能闻到火药味,半天过去,公公没有回应。

婆婆嗓门更高了:"每次都是这样,你听到了吗?你就不能照顾一下我的感受？"公公依然无动于衷地听着他的评书。

看到暴风雨就要来临,我和老公不约而同地递了一个眼神——今天,我们要运用"师者"之器去终结家庭成员之间的虚假与敷衍,创造真诚沟通的家族文化氛围。

果然,不一会儿,我们就听到了婆婆的怒吼:"小林,你过来!"老公疾步走过去,为这一刻,他已准备了大半年。

"你看看你爸,从没有关心过我!还有你,自从你们和我们分开住了,这一年多你给我打过几次电话?你们现在都不需要我了,是吧?真是娶了媳妇忘了娘!一个个白眼狼,都有没有良心啊?"老公还没有推开婆婆的房门,就迎来了婆婆喋喋不休的数落。

"是,妈,您说得都对,是我不好……"老公先搬出"接纳"之器。

"你……"婆婆想"闹人"没有得逞,不甘心地来到客厅,狠狠瞪了我一眼,"还有你……"

我手心里捏了把汗,但这次我不害怕,我知道这是"和解规律"中的一个环节,刚才这第一幕是婆婆的生活常态。我最近一直努力站在婆婆的角度看她,研究她的人生,已经成为习惯,她的每个节奏,我都十分清晰。

破局之"清醒"

空气中依然还弥漫着战火硝烟的味道,我知道,下一个被拎上战场的肯定是我。我带着"清醒"之器告诉自己:是时候请出"破局"之器来解除纠缠,让全家人一起离苦得乐了。

其实,婆婆最难以放下的是她在原生家庭的主导地位。她排行老小,有两个姐姐、一个哥哥,习惯了被全家人捧在手心,一呼百应,她认为自己就是家里的主角,每个人都要被她掌控。但是当她进入婚姻,有了孩子,又有了儿媳妇后,她做主角掌控全局的梦不断地破碎着。在面对各种关系角色转换时,她常常会失控,处处碰壁。日积月累,自认为"不再被爱"的痛化作了她的心理坑洞,渐渐习惯了用"闹人"去进行沟通与表达。特别是当她认为老伴不爱她时,她就把全部情感寄托、投射给了唯一的儿子,可当儿子娶妻生子后,她再次产生了被争夺爱的痛苦，愈发加强了她对所有人的掌控欲。而这一切，其实是她这一代女性为了爱与被爱表现出来的一种共性。过去，全家人都是息事宁人地配合她，导致人人都陷入疲惫。

想破局，一定要请婆婆再次入局。要"下载"新习性，必须先"卸载"旧习性。对一个带着时代烙印的老人来说，这实属不易。但时移世易，随着这一年多我和老公的共同成长和蜕变，我们都已拥有"看见""成熟"之器，深知婆婆这次"闹人"迟早要来，因此，我们也有备而来。

破局之"看见"

"妈，其实您并不是对我爸不满意，您是太爱爸爸了。"我声音低沉、语调柔和，并递过去一杯水，既不让婆婆丢面子，还使用了"看见"之器。

"你说啥？"婆婆有些惊诧地看着我。

"妈，我知道您其实心里是有很多话想对我和小林说，对吧？有些事一直没有机会说，今天咱们就打开天窗说亮话！您可别恼火啊。""看见"之器已经让我了然于心。

"你到底想说啥？"婆婆警觉起来。

"妈，我知道您很爱您的儿子，就像您跟小林刚才的对话，我觉得您是吃醋了！"我将准备好的"事实描述""正话反说"和"迁善"之器拿了出来，边说边观察婆婆的反应，"妈，有段时间小林给我做艾灸，您应该也是吃醋了吧？"

"我吃啥醋？"一听到这些，老人家似乎想去掩盖什么，我继续破局。

"妈，我先自我检讨，过去我一直觉得您不爱我，小林也不够爱我，是您霸占了我老公的爱，不让他爱我，我曾常常委屈得想把小林还给您算了，我离开。现在，经过这一年多的分离，我才理解了这些年您有多不容易。我们都还是没长大的孩子，只会和您怄气，您一直在默默为我们付出，过去我却一点都看不懂。妈，对不起，我误会了您很多年，原来您是如此爱我们。"

婆婆没有说话，亲人之间因对抗酝酿的暴风雨就在这个瞬间被叫停，"谦卑"之器功不可没。

"老公，你也对妈说几句吧！"

没等婆婆回神，老公已经上场："妈，我也误会您好多年，过去，我最生气的就是您的掌控……"

老公还没说完，被卸下面具的婆婆就忍不住辩解："我没有掌控，我哪里掌控了？"

"妈，我知道您是爱我的，只是用了掌控的方式。过去我无法接受，就日渐与您对抗，最终进入无休止的恶性循环……"接下来，老公把从小到大他认为受到的不公正待遇，以及婆婆的掌控对他造成的伤害一一道出。我第一次看到老公在婆婆面前失声痛哭……

许久，婆婆心疼地看着自己的儿子："对不起，我也知道小时候我的确对你管得太多、太严了，我没想到爱变成了害。"这时候，我感觉到婆婆已完全卸下了她伪装已久的"闹人"习性，开始真诚地面对我们，谈话的气氛终于缓和了下来。

破局之《忏悔信》

时间已到后半夜，空气中似乎还掺杂着一些凝重，我知道真正的破局没这么简单，这只是化开了冰山的一角，现在轮到我上场直面婆婆了。我拿出早就写好的一封信，对着婆婆念起来。她这才意识到我们是"有备而来"。

"亲爱的妈妈，转眼我们已经相识近十一年了。这十一年贯穿我的青春时光，发生了很多事情。感恩与您相遇，感恩您带给我所有的教化，也感恩您所有的照顾。其实我们都很怕您……"

关键时刻，我启用了"平静"之器。

"妈，对不起，我今天完全接受过往所有的发生，让我们之间那些猛烈的人格攻击和诋毁都流经我们的生命，从此离开吧。今天，我向您深深地忏悔，因为所有的事情我都有参与，我也有错，我看到您的不容易了。妈，请原谅我们过去对您有太多的冒犯，一直想在您面前证明自己是对的，原来我们的内在一直是没断奶的孩子。今天，我向您深深地忏悔，家庭里没有对错，没有'二元对立'，只是每个人看问题的角度不一样……"

"小林啊，你媳妇被'洗脑'了……"我看见婆婆中间有几次都让老公制止我，但始终无果。

"妈，谢谢您，当我一直纠缠在过往的伤痛事件时，我没有精力去看您做到的，您其实是一个热爱生活、追求美好、注重形象的女人，感恩您让我一次次照见自己，提醒我该努力去完善、精进自己。妈，我爱您，这是我无数次想当面表达的话语，因为过去总是很怕您。今天，我向您深深地忏悔，是我的格局太小、太计较……对不起，请原谅，谢谢您，我爱您！"

这封《忏悔信》在我的数次哽咽中，终于念完了。

"妈，您辛苦了，谢谢您给我这样的机会。"我给婆婆深深鞠了一躬。

破　局

局势发展到这个阶段，已超乎婆婆的想象。她意识到在儿子、儿媳妇面前不能再"闹"了，应当"归贵位"。

时间仿佛静止。"对不起……"忽然从婆婆口中飘过来的这三个字，一下子打破了寂静。我感受到婆婆已偃旗息鼓，我和老公情不自禁地跪下叩拜："妈，谢谢您，我们都长大成人了，可以过好自己的日子，请您以后和爸放心吧。"

自此，"破局"圆满完成。结局正如我们预设的方向——全家人集体拥抱和解。这是我多年前做梦也不敢想的画面啊！

这一夜，我和老公都失眠了，感觉好似历劫归来，飞升成仙。那块曾压得我们无法喘息的石头落地了，我们勇敢地为幸福发声，今后，我们将携带"良性家庭文化"之器，堂堂正正地做自己。

随后几天，我发现自己的肚子变得柔软了，腰杆挺得更直了，浑身轻盈了，体重神奇地回到了十几年前的水平。感谢我的身体启动了"适时清理、释放情绪"之器，引领我一次次去看见那个过去爱流泪、呕吐、恐惧、委屈，一脸受害者心态的小女孩儿，并挥手与她告别。原来我的身体也可以如此强大，它在时刻提醒我：海纳百川，有容乃大。

一个月后，家庭序位"扭转乾坤"，各归其位，一家人彼此看见、彼此理解、坦坦荡荡。婆婆不再关注儿子，开始与公公享受自己的生活。我和婆婆之间化干戈为玉帛，终结了"女人为难女人"的死循环，彼此生命中也多了一个相互关爱的人。作为家庭的第三代，女儿从此开始在良性家庭文化的滋养下健康快乐成长。家族生发着正向、阳光的能量，家庭成员的生命状态逐渐呈蓬勃、有爱之态势。

站在新时空回望，无比感恩我"闹人"的婆婆，她是我身边的"隐身佛"，让我不断"醒来"、升级、进化、强大。

文化是根、是魂，身藏无形"文化之器"于身，便能锻造出无悔人生。我最近收藏的"文化之器"还有"潜龙勿用""全息角色境界""精进""种福得福"等。今后，我将采撷更多符合"大道"、彰显宇宙法则和智慧的"文化之器"，藏之于身，不断扩大自己的文化库储备，并将其发挥到人生更多领域里，强健自己的生命。

"高段位"接纳

——疗愈生命，辍学孩子以"高段位"态势重返校园

庚子年，我知道了做人是有段位的；辛丑年（2021年），我修成了"高段位父母"，一双儿女也赢得"高段位孩子"称号！

我和老公一起在海外工作，一双儿女从小被奶奶和家人带大，在儿子六岁的时候我才回到孩子身边。在我和孩子相处的这几年里，由于不懂家庭文化、不懂孩子，我的生活一片混乱：夫妻冷战、孩子深度厌学，孩子痛苦，我们也痛苦。于是我开始到处寻找各种教育机构学习，最后选择了虹汇。转眼间，三年多过去了，我也从之前家庭文化的"小白"，到现在成为拥有良性家庭文化"藏器于身"的女人，而且还成长为一个解决青春期孩子问题的专家。

2020年，儿子参加了周虹老师的家庭文化重塑之旅——通过在旅行中家庭成员习性的彰显高效解决问题。那次旅行是专门为我们和另外两个家庭量身打造的私人定制旅行，其中一个家庭的孩子是17岁的男孩儿小林，已辍学在家四年。一路上，儿子亲眼看到了老师对小林无限包容、允许、接纳，看到了小林从第一天要么沉默不语，要么频繁"怼"妈妈，到旅行最后一天时和妈妈谈笑风生，并自己决定要成为一个优秀的人。这七天的旅行，儿子内心应该如同坐了过山车一样翻江倒海。在前两天的活动中，老师让儿子"吐槽"父母，他不敢分享，说怕回家被父母"整死"。在旅行结束回程的机场，儿子终于勇敢地向周虹老师"吐

槽"他小时候被父母"双打"的经历，老师听了之后居然潸然泪下。儿子第一次看到有人因为他被父母打而哭泣，内心受到深深的触动。他的生命将发生重大的变化。

飞机一落地，儿子就告诉我，他不想上学了。我崩溃了："老师，为什么旅游回来儿子辍学了，我想不通啊？"我一到家就马上求助。

"你儿子要活了。"老师不紧不慢地说，"这是好事。"

我一脸懵！

随后几天，周虹老师给了我一次次生命成功学的理论与实践论证。

"这一路旅行，你儿子都是一个观察者，观察团队如何'拯救'小林，小林就是你儿子内心的自己。在你儿子内心深处，他早已和小林一样辍学了，虽然看似每天去学校，但他早就完全封闭了自己，每天浑浑噩噩在学校混日子，也就是你看到的他厌学、弃世的状态。"老师娓娓道来。

"怎么会是这样呢？"我仍然是一脸懵。

"当他看到短短一周时间，小林就被我们'救活'了，他才开始'相信'我们，所以在机场他才敢说出小时候挨打的经历。看到有人为他哭泣，他震惊了，终于有人能看到他心中深藏已久的痛苦、委屈，他封闭的心、冷冻的情感开始苏醒，开始看到希望，就像干涸十多年的枯泉被注入了一股生命清泉，生机开始向外奔涌。从心理学原理解释，一个人基本切断与外界的互动，根源来自儿时本应在原生家庭建立起来的安全感和信任感的缺失所引发的一系列生命轨迹。"

"哦。"我似懂非懂。

"他敢说出来不上学，是因为这次旅行让他看到原来这个世界上有人可以懂孩子的苦，世界上还有另外一种活法，这才是他想要的生活，他想过这样的日子，所以他要辍学！他勇敢地停下来，只为重新思考一下以往以及以后的人生。"

——我是谁？我从哪里来？

——接下来我选择什么人生道路？

——我是继续之前不学习也不辍学的日子，还是追求自己想要的生活呢？

——我选择颓废之道还是精进之道？

——我选择学习之道还是厌学之道？

——我选择真活之道还是虚度之道？

——我选择假装无所谓之道还是真诚之道？

——我选择相信之道还是质疑之道？

——我选择勇敢之道还是胆怯之道？

——我选择自爱之道还是自弃之道？

——我选择勤奋之道还是懒惰之道？

……

我求证："老师，是否人只有在看到希望之后，在清醒的状态下，才能停下来思考、做决定？"

"是的，你悟得很深了。"老师说道。

"那就让儿子在家好好疗一下伤，伤好之后，他就可以好好往前走了，是吧？"我再次求证，有种云开雾散的感觉。

"是的。"老师点点头说。

于是我选择接纳，等待儿子回归，我自己也好像豁然开朗了。

接下来，我的挑战是劝导全家人，让全家人看见儿子痛苦的内心世界，看到孩子辍学是他的一个转折点——全家人一起接受家庭文化"变道"的时候来到了。

我与老公沟通："0～6岁是孩子人生大厦的地基，而我们却完全没有参与。如果把养孩子比喻成盖大楼的话，那么我们家盖的就是一个没有地基的危楼，再加上我们不懂家庭教育之道，偷工减料，在儿子上小学一年级开始，因为写作业我们又一起打骂孩子、伤害孩子……我们的家庭给儿子的不是爱和温暖，更多的是伤害。所以，儿子就慢慢长成了我们现在看到的样子——"躺平"、冷漠、不沟通，对什么都不感兴趣……老公，你安心工作，儿子交给我，咱家财富、文化要齐头并进！"此时，我的内心既坚定又自信。

加入虹汇培优专家项目，是从多维度、多领域、多条线培养你成为专家，引领你看见家族隐秘的动力线；引领你看待问题时，从一个点瞬间扩展到一条线、一个面、一个体，从零维到四维空间进行多维度学习；引领你从一个问题，能看到千家万户的共性问题。这个过程，就是一个步步为营的过程，每走一步，都能举一反三，这样成为专家的速度就会特别快。

经过在虹汇培优专家项目的系列学习，我不仅加入诸多家庭幸福、企业成功文化项目研究，而且很快加入了培优生命科学专家青春期研究项目。我好像在以火箭速度成长，三个月左右的时间，我就正式以专家身份，在"虹汇时空"微信公众号平台开设了自己的专栏，踏上了师者之路、助人之路。

许多夜晚，我仰望星空：我现在是"藏器于身"的女人了，我要用虹汇家庭幸福文化拯救我的儿子，我一定能做到！

"完全接纳"之器

观察发现：低段位的家长听到孩子要辍学时，会觉得孩子一生都要毁了！要么苦苦相劝、哀求，找亲戚朋友都来劝孩子去上学；要么对抗，对孩子施加语言暴力，进行各种威胁，让孩子受到更多无形的伤害……家长极度焦虑、恐惧，孩子愈发痛苦无助，蜷缩在黑暗的角落里，这是大多数孩子辍学家庭的真实写照。

我是"藏器于身"的"高段位女人"，我郑重地告诉儿子："你长大了，我接受你的决定，你的人生你做主。"

我不仅完全接纳儿子辍学，而且还告诉家里的至亲，我儿子不是不上学，是他开始想为自己的人生负责任了，我们要给他时间去思考，去决定以后的路该怎么走，我儿子这样的孩子将来一定会成才的，请他们放心。看到孩子，不许任何人劝他去学校，不许跟他讲空洞的人生大道理，可以招待我儿子吃喝，可以赞美我儿子长得高、长得帅，如果做不到的话，我不会让我儿子再去见他们！说到做到！

我深知，想让儿子快速走出辍学状态，首先就要保护好儿子的"内观"节奏，让他的计划不受任何人的干扰，在他内心脆弱的时期，不被任何人的语言伤害。尽管亲戚朋友都不太接受我的做法，认为我在溺爱孩子、毁孩子，但看到我坚定的态度，他们也都勉强同意了。所以，儿子辍学这段时间，他没有受到来自任何亲人的指责和伤害。

让辍学孩子免受来自家庭至亲的伤害，这也是虹汇工作中极难达到的外部工作支持环境，但这又是极其重要的环节，主要依靠父母的执行力和对"新文化系统"建立的信念。

爸爸没有态度就是最好的态度——"接纳"之器。儿子辍学后，他决定自己亲自和爸爸说这件事。儿子平时很害怕爸爸，这次他敢自己提出向爸爸说辍学的事，我心里震惊之余非常佩服他，感觉儿子一下子长大了。因为我老公在国外，儿子在微信上和他说了这件事，全程我都没有参与。第二天早上，儿子让我看了他和爸爸唇枪舌战的聊天记录，再一次震惊了我。

"不要再把我当小孩子了，我有自己的思想。"

"你总认为你是对的。"

"你总是高高在上，指挥别人。"

"你能不能先把我当成一个有思想的人，而不是听你指挥的傀儡？"

"什么事都要听你的意见，这根本不是我的性格。"

……

看着这一句句那么有力量的话，我都不敢相信这是儿子说的。

老公一直都在极力劝孩子去上学，最后儿子的一句话结束了父子俩的这次谈话："你是家里的一分子，你有权知道这件事，这只是通知，再见。"

儿子再也不怕爸爸了！

不知是老公感受到了儿子的力量，还是觉得自己离孩子太远，在接下来的日子里，老公与儿子微信聊天都只是关心他，再没有说一句劝儿子上学的话。

那段时间，我真的很佩服老公，他没有像其他家长那样，听到孩子辍学便暴跳如雷，他对孩子的那种耐心是非常罕见的。

"重现痛苦"之器

每个辍学厌世的孩子，他的生命里都隐藏着巨大的痛苦。如果伤痛被父母看见，得以疗愈，那么他的生命就将得到解脱。

我看见了儿子的痛苦：从小没有父母陪伴在身边，内心没有安全感；从小不知道自己的父母是谁，看着照片叫爸妈，由奶奶和家人抚养长大，因此"认亲"错误；从一年级开始，就被父母打骂，父母不懂他，不理解他，看不到他的需求；他反锁门时，门被爸爸暴力拆掉……小小年纪的他承受了多少痛苦？这些苦，他无处诉说和释放，只能像石头一样积压在他的生命里。

"疗愈生命"之器

在老师的指点之下，虹汇培优团队设计了"情景重现"疗愈生命的体验，目的是让我切身体验一下儿子小时候经历的挨骂、挨打、被拆门的感受。

体验在我家里进行，儿子在他房间里，团队事先和儿子打了招呼："我们想让你妈妈体验一下你小时候被父母打骂、拆门的经历，过一会儿我们会有很吵闹的声音，请不要介意。"

"挨打、拆门？哦，拆吧，我不介意。"儿子说完就进房间了。

……

那天的体验感受，我一辈子都忘不了：父母发火的样子太可怕了，面对连珠炮式的指责谩骂，脑袋一片空白，只记得他们狰狞的面孔，犹如恶魔，丑陋无比！幼小的孩子真的会被吓傻。挨打、被拆门的恐惧、无助、绝望……现在想来，我都还依然心痛，真的呼吁更多的父母都来一次这样的体验，你们会切身体会到孩子的痛苦，会痛下决心：此生都不会再打骂孩子了！打骂孩子是父母最无能的表现！

团队专家告诉我，在我体验的时候，儿子还出来指挥他们，把门拆下来后放到以前的位置，还原事实真相，脸上还露出了开心的笑容。

孩子的冤屈被真实地呈现原貌，他的"冤情"终于得以平反昭雪，被迫咽下的那一口气终于释放出来了，委屈、伤痛，终于被妈妈看见了！

我的共情体验再次疗愈了儿子。

"尊重"之器

虹汇举办了年底的财富论坛大会，只邀请会员夫妇参加，孩子不能参加。在现场，男士都坐在"财富贵位"上，女士轮流准备发言。虹汇倡导男人赚财富、女人修文化，家庭财富、文化齐头并进。

为了彰显儿子的男性力量，老师特批让儿子代表他父亲来参加财富论坛。因为儿子很信任老师，所以他积极参加了这次活动。在现场，儿子看到叔叔阿姨们盛装出席，他是场上唯一的一个孩子，而且还和绅士叔叔们一起坐在贵位上……

不知道他听懂了多少财富内容，但那一刻，他得到这样的尊重，让他一下长大了，他不再是个小孩子，他是家里的男子汉！

"满足孩子需求"之器

从前，我经常听不懂、听不见孩子的话。孩子说他需要什么，我经常"嗯"一声就过去了，根本不放在心上，一有其他的事情，就把孩子的需求给忘记了，有时候孩子问好几次，我都没有把他需要的东西买回来，结果不了了之。长此以往，孩子不再向我提他的需求了。

我现在是"藏器于身"的女人，我知道"倾听"有多么重要，不仅要听见孩子说的话，更重要的是能读懂孩子话语背后的意思，进而能准确地满足孩子的需求。没有哪一个孩子是没有需求的，而且现在孩子们的需求往往比我们更有品质、更高级。

"高段位父母"之器

"我回来啦！"每天进家门的第一句话，开心地给孩子们打招呼。

"你回来啦，你真棒！"儿子调侃地回应我。

"是的，我很棒，像你一样……"

哈哈，就这么语无伦次地互相回应。

在儿子辍学这段时间里，我每天都在忙自己的工作，早出晚归，为会员及身边求助的朋友开展咨询服务，每天都很享受自己的工作，尤其是看到求助者"解惑出坑"时露出的开怀笑容，我内心的责任感、助人的使命感就更加强烈，更加明白我工作的意义，也更加以师者标准要求自己。

在工作中，我"链接"到文化助人者的不易，看到相信周虹老师团队理念的人越来越多，我真的好开心。我也看到不少家长面对孩子辍学，整个家庭几乎处于崩溃边缘，这些父母没有因为孩子的辍学行为，反思自己的养育过程对孩子造成的伤害等辍学背后的原因，做出相应调整，而是父母之间互相指责，埋怨孩子，甚至有的家长当着孩子的面伤害自己，家中氛围令人窒息，这都是"低段位"家长的做法。家长这样做，只会让孩子离学校越来越远。

我没有因为儿子辍学而影响自己的生活，反而更加努力精进。我开心地和他分享我的工作，他也能感受到妈妈很享受自己的工作和生活，我和儿子既是各自独立的个体，又是亲密的家人。

想让辍学孩子早日重返校园，就做个"高段位"家长吧——情绪稳定，享受自己的工作和生活。孩子是看着、学着父母成长的，父母进入高能量状态，才更能容易、更快地将孩子拉出辍学的坑！

"赞美、拥抱"之器

"一天没见了，让妈妈抱抱……"

对于拥抱，儿子刚开始很抵触，不让我抱他。

"儿子，来，我给你看看手相吧……哇，你这手是'抓金'的手啊，手掌软软的、厚厚的。"

"儿子，让大师给你免费揉揉背吧，不满意可以投诉、罚款……"

"儿子，看妈妈给你买了你爱吃的，先抱一下……"

我找各种机会、各种理由，接触儿子的身体，夸赞他的身体……就这样，儿子从刚开始的拒绝拥抱，到允许我轻轻抱一下，再到现在能主动和我拥抱，有时候还能把我抱起来转两圈。看着高我一头，高大、阳光、帅气的儿子，唯有感恩，感恩儿子让我变得越来越好！

不管孩子多大，多拥抱他们吧！亲人身体的触碰，会让孩子感受到爱、感受到安全。

"姐姐助力"之器

在周虹老师的帮助下，虹汇对女儿的内心也进行了一系列的梳理和"系统重建"，她对爸爸的态度从抵触转变为崇拜，从那之后，女儿开始自主生活、自主学习，进入良性运转。在儿子辍学事件中，女儿坚定了我的信念，为我助力很多，推动了儿子重返校园的进程。

女儿坚信弟弟只是暂时不想上学，她在和儿子单独相处时，通过自身的经历，从姐姐的视角，让弟弟也看到了父母的不容易，以及父母的付出、努力与进步。

儿子通过这三个月时间的辍学经历，得到了很多：他的痛苦被父母看到；他的冤屈被平反昭雪；他的愿望被满足；他的决策被父母尊重；他从怀疑父母到相信父母；他以辍学这种方式报了"仇"，他看到父母的痛苦和对自己的真心接纳——允许他报"仇"；看到自己的人生被家庭齐心协力打扫干净，生命垃圾都被清理，他，没有心事了！

在儿子十四岁生日那天，辍学三个月后，他告诉我："妈妈，开学我要去上学了！"

开学之后，儿子果真开心地去上学了，在学校主动学习，一切开始良性运转。一个月后，儿子打篮球时把脚崴骨折了，医生建议他在家休息。儿子不愿意在家，坚持要挂着双拐去学校，因为学校当时正在排练一年一次的"走进非洲"文化艺术节，他参加了英文戏剧《麦克白的悲剧》的排练，角色是国王，他坚决要上台表演。看到儿子这样坚持，我同意了。

儿子挂着双拐上楼下楼、上下舞台，克服了很多我想都想不到的困难，但他都坚持下来了，表演圆满成功。当所有演员上台谢幕时，校长面对全校师生，把挂着双拐的儿子请到舞台中间，称赞他、"成就"他。

我，泪流满面……

回顾儿子三个月的辍学之路，对我们家不是坏事，反而是好事，是礼物：现在我们一家四口，我享受自己的工作，老公努力赚钱养家，女儿和儿子自主生活、自主学习，每个人都在朝着自己的目标而努力，各自独立"良性运转"。

我收获了前所未有的良好亲子关系、两性关系、财富关系、婆媳关系、事业关系。几年内，我成为师者，成为解决青春期孩子问题的专家。

儿子的收获是，小小年纪就开始思考和主宰自己的人生，明白自己想成为什么样的人，想要什么样的生活。

当家庭中出现了辍学的孩子，请一定不要放弃你们的孩子，加倍爱他们吧！相信每个辍学孩子都能"解怵出坑"！我们要看到：他们的内心已忍受太长时间的苦，背负了太多东西。不是他们不想学习，而是他们无法好好学习，但这种痛苦，无人能懂。他们辍学，是因为他们早已看透父母不会改变，他们的心死了！他们看不到另外一种活法，他们无从选择！

所以，请不要再埋怨、指责孩子了，他们是无辜的生命，他们是最勇敢的生命，拥有最高贵的灵魂，他们是家族的拯救者！他们只是用这种很"丧"的方式，不惜背上"坏孩子"的名声，来唤醒父母：不要再用错误的方式对待孩子们，你们该改变了！

我女儿曾说过，辍学的孩子就像拖着千斤重担在迷雾中行走，在他们的生命中，看不见希望，看不见光。

家有辍学孩子的家长们，该改变的是你们，不是孩子！做智慧父母、"高段位父母"吧！你们的学习、成长、改变，才能真正拯救孩子，让孩子看见希望，看见光，重新点燃他们的生命之火，让生命焕发光彩！

军事创新

宝剑锋从磨砺出

和颜悦色

——成就丈夫孩子，家庭事业双赢

作为一个"90后"职场妈妈，我拥有一份令人羡慕的高薪工作，在职场上和男性一样拼搏进取。但比起令我精疲力尽的工作强度，我家三岁孩子的问题，夫妻间争吵冷战，更让我束手无策。因平时工作忙，我格外珍惜跟家人在一起的时间，可是我并没有很好的方法让先生、孩子开心，经常是我和丈夫争吵，孩子哭，我也跟着哭，委屈、疲惫而又无奈。

后来，我从朋友那里听说了周虹老师，据说她能在短时间内处理和解决很多困扰家庭多年的问题，周虹老师还有一种私人定制的工作方法，能一天之内让人改变习性，得到想要的结果。我半信半疑，抱着试试看的想法，进入虹汇学习，报名参加了全天的私人定制课，想解决和家人之间沟通的问题。

了解到这次活动内容是泡温泉时，活动还没开始，我就开始心动了——这样的方式太奇特了。事实证明，作为亲身经历者，当亲眼见证了周虹老师的"魔法"后，我被她满身的"无形文化"之器所折服了。

"和颜悦色"之器

周六，和先生约好，他先带孩子玩儿，等我下课后把孩子送过来，然后一起去参加私人定制课。快要出发前，我突然接到先生的电话："不要去泡温泉了，孩子已经玩儿了一天，我晚上还要上夜班，这会儿车都堵死了，没有办法把孩子送过来给你！"电话那头传来老公急躁的声音。

这怎么办？焦躁不安的我心里充满了对老公的抱怨。

"你老公能带孩子出去玩儿就很不错了，你说以前他几乎没有一个人带孩子出去玩儿过，对不对？他带孩子出去了，你要肯定他对孩子的爱、对家庭的付出，他没有把孩子撂下自己一个人去玩儿，支持你来虹汇上课，是不是已经和过去不一样了？已经有很大进步了？"看我有些急躁，老师温柔地说道。

是啊！老师说得对。我今天才看见老公对家庭的付出，于是充满感恩，不再抱怨。

"出去玩儿应该轻轻松松的，不要制造更多压力，先让自己心静下来，做几个深呼吸，你是为解决家里问题来的，不要因为一点事情就慌了神。"听了老师的话，我稳住神做了几个深呼吸，对私人定制课的怀疑略减少了几分。短短的时间里，我就从老师这里得到了"看见""情绪管理""感恩"之器，决定按照原计划不变。

"平心静气"之器

稳住神之后，如何与老公汇合接到孩子的方案很快就形成了——结合我们要前往的方向，我和老公约定好接孩子的地点。可一听老公那边堵车时间可能还要好几个小时，我又开始慌了，焦躁不安、想发火，几乎两个人又要上演剑拔弩张。

已经到温泉的老师让培优专家们给我定神，发语音消息提醒我要使用"抽离""接受""和颜悦色"之器，就如同老师在我身边一样，"见到先生不要有情绪，不要发火，要和颜悦色，站在一个师者或旁观者的角度来看待这件事，先生堵在路上已经积累了着急的情绪，一定不要和他发生冲突，要用感谢先生的方式开始促进家庭的每件事都朝向成功、健康、幸福的方向发展。"就这样，三个小时的漫长等待时间很快就过去了，同时，我们夫妻关系的"破局"时刻也出现了。

当老公打电话说还有十分钟就能接到孩子时，我不断地呼唤"宁静"之器来协助我取得成功。等到真的见到老公和孩子时，我没有多说其他的事情，只是面带微笑地说:"谢谢老公今天带孩子出去玩儿。"由于做足了准备,我顺利接到孩子,而且居然没有和老公发生冲突!这对我来说,是完成了一次难度系数很大的挑战。

当我和孩子一起开开心心地来到泡温泉的地方和大家汇合后,我又学到了"眼色"之器,老师提醒我说:"你应该主动给你老公打个电话报平安。你老公不让你来是担心天黑了你一个人带孩子不安全,这是老公对你和孩子的爱。"我照做了。后来,老公说他当时特别惊讶,感叹我那天不慌不忙、不急不躁,本来他还等着我发脾气呢,而我却给他报平安,让他对我刮目相看。

"酬赏"之器

我的孩子只有三岁多,开始泡温泉时,她只敢站在池子边上,不愿进到池子里。以前我也带孩子泡过温泉,但我们都只是在儿童池里玩,孩子从来没下过成人池。可是她如果一直站在池边,有可能会感冒。我刚想说孩子不愿意下池子就不下吧,可转念一想,我今天是来参加私人定制课的,还是突破一下吧!我不妨检验一下周虹老师的"文化之器"的效果。

果然,我看见老师拿出来"成就"之器,对孩子说:"放心,你不会感冒的,这样的天气泡泡温泉对你身体是有好处的,你喜欢玩水吗?在水里一定会很开心,你可以先站在这里看一会儿妈妈。"孩子点点头。

我一边泡一边不断地观察孩子。只要她往池子里前进一点点,老师便对孩子使用"赞美"之器,大家也一起为孩子鼓掌。"哇!快看,谁把漂亮小脚丫伸进温泉池里了?一点也不烫,对不对?"孩子渐渐放下了之前的紧张,坐在温泉池边"咯咯"地笑了起来,小脚丫在温泉池里轻轻地摇晃着。

过了一会儿,孩子从池边站了起来,来到温泉旁边的石台阶上,水已经没过了她的小腿。我兴奋地学以致用:"哇,好厉害,宝宝的小腿都进来了,大家一起鼓掌!"孩子开心地笑了,在台阶上走来走去,每隔一段时间就往下走一层台阶,我都采用同样的方法表达对她的肯定,用掌声鼓励她。在周虹老师和团队成员的鼓励下,在我们营造的"表达"和"酬赏"的环境中,孩子一点点往池子里进,又过了一会儿,她便从台阶上完全走了下来,整个身体都泡到了池子里。我们继续赞美她，就这样，最后孩子能够自己自由自在地在池子里玩儿了。这在我从前带她泡温泉的经历中从未有过，都是大人轮流陪她在儿童池玩儿，一家老小又冷又累。今天又一次突破了！

周虹老师说："每个孩子都是'神孩子'。今天观察你的孩子，我注意到她在温泉里泡一会儿，热了就自己上岸凉快会儿，不热了再下到温泉池里继续泡，能够自我科学运转。你看她玩儿得多么开心？你过多去干涉她其实是在打扰她。"而其他泡温泉的陌生人看到了，也说："这个宝宝这么小，可是却这么勇敢，还能合理安排泡和不泡，真会玩儿！"孩子听到大家的夸赞后，更加开心了。此时，我发现自己做了非常正确的决定。

孩子不时问我："为什么这么多大人在看我？"已经用"器"上瘾的我拿出"铭印"之器说："因为大家都觉得你很独立、很有序、很漂亮，像个小公主一样，所以就想多看几眼，多夸赞几句！"孩子听了之后兴奋地跳了起来，兴高采烈地不断重复着："我是公主，我是公主……"

临走的时候，孩子竟不想走了，我体会着如何去"懂孩子"，了解到孩子不想走是因为在这里她不仅玩儿得特别开心，还获得了很大的成就感。于是我继续对孩子施"成就"之器："我要上岸为我最可爱的小公主拿浴袍了。"孩子果然开开心心穿上浴袍和我们一起去了更衣室。我不禁感叹："这就是'酬赏''成就'之器的神奇力量啊。"

在生活中，很多父母与自己的孩子沟通时，要么简单粗暴地训斥孩子，要么纵容放弃孩子，不能给予孩子更多的耐心、赞美和酬赏。而从前的我也是看不到这些的，因为我本身也深陷其中。

在这一天半的时间里，我运用了"相信""看见""感恩""心静""顺势而为""抽离""接受""自由""宁静""开心""和颜悦色""表达""酬赏""不挡道""神孩子""铭印""懂孩子""眼色"这些"器"。以前，我不太相信家庭和事业可以兼顾，但经过这一天半的学习，把上述良性"文化之器"尽数收入囊中，在生活中好好运用，和老公孩子的关系明显改善；在工作中，我也举一反三去实践，减少了无效沟通，提高了工作效率。我还由此获得了"虹汇学霸"的称号呢！

我在这次私人定制课后的不断学习和实践中，总结了一些有益孩子健康成长的经验，与大家分享：

　　不给孩子特殊待遇；

　　对孩子的过错不袒护、不妥协；

　　不过分关注、打扰孩子；

　　不在情绪失控时要求孩子；

　　不允许自己或他人溺爱孩子；

　　不越界代替孩子；

　　不大惊小怪；

　　不怕孩子哭闹；

　　多身教、少言管。

元亨利貞

一体思维

——家族荣耀"正铭印"孩子，成就二代接班

一体思维是指父母与孩子其实是一体的，不止血缘的关系和身体的"链接"，还包括思想意识维度的紧密联系，家人之间就是一个团队，互相影响，荣辱与共。

"藏器于身"的文化使者像魔法师一般用"一体思维"之重器让一个颓废的孩子重获自信，变得阳光乐观、精进向上。

离婚五年，我与儿子相依为命，自己俨然是一个受害者。为了照顾孩子，我不能上班，靠孩子的抚养费和原来房子的租金生活。儿子今年十二岁，身高已经一米七了，可是他一点少年的精神气都没有，整日无精打采、佝偻着背，每天放学痴迷网络游戏，作业潦草、学业荒废，兴趣班也经常逃课。我对他不是批评就是指责，母子俩变得跟仇人一样。我让他和爸爸联系时，他经常说："什么人啊，不想打！"

在一次虹汇课上，我痛苦地问周虹老师："我的孩子为什么这么颓废？"

她却对我说："先聊聊你前夫吧！"

"他就是个当代的陈世美！抛妻弃子！"我十分不屑，愤愤不平。

"所以你的孩子必然颓废！"老师回答我。

瞬间，与儿子的日常画面浮现在眼前。

"我们现在日子过得这么难都怨你爸！"

"你爸怎么那么忙，周末也没有时间带你出去玩儿！"

"你还这么不听话，你爸都不回家了，你还想怎样！"

"除了妈妈管你，现在谁管你啊！"

……

周虹老师的声音把我的思绪拉回到课堂："穿过伴侣的毒箭首先穿过的是孩子！你对前夫的看法会打击你的孩子。如果他认为自己的父亲是抛妻弃子的坏男人，他会恨自己的父亲。恨父亲就是在否定自己，他也将不值得被人尊重和敬仰。未来无论生活还是学习都会很无力。你亲手毁了你的儿子！"

老师的话像利刃一样句句扎心，为了自己与孩子，我发誓要改变！

为了快速解决问题，我们参加了虹汇家庭文化重塑辅导之旅。它是周虹老师独创的一种辅导形式，不同于目前国内外其他家庭治疗技术和方法，它有自己独特的理论基础、研究方法和操作流程。实操十年，客户满意度极高，可以在短时间内解决多年的困惑。周虹老师将会和所服务家庭的所有成员一起进行一次亲密无间的旅行，为期7天至10天。在旅行中，老师会观察家庭成员之间的沟通、互动模式，揭晓参与会员的潜意识及其家庭成员集体潜意识的真相，立竿见影地调整家庭中伴侣、亲子之间的沟通模式，使其有利于成就彼此，对每个家庭成员产生积极、深远的影响。周虹老师还会在旅行过程中随时疏导、释义，反复调整。每一个人都会被看见和接纳，最大限度削弱亲人之间因"心理阻抗"机制产生的内耗——家庭摩擦成本，使良好的家庭文化在短时间内得以迅速重塑，再回到生活中固化。

那几天的旅行，令我印象最深的是她的沟通方式让我的儿子从颓废无力经过"正铭印"之器判若两人。

一天晚餐时，周虹老师温柔地问我儿子："孩子，你知道你的爸爸是谁吗？"

"不就是一个抛妻弃子的坏男人吗！"孩子不敢看老师，声音低得几乎听不见。

周虹老师顺手拿出"正铭印"之器："我先讲我们业内人士是如何评价你父亲的。你的爸爸不是普通人，我都很敬佩他，他是一个真正的'极品男人'，是罕见的已经获得成功、健康、喜乐的人。"

孩子慢慢抬起头，诧异地看着老师。

"他的企业经营持续稳定，是行业内的标杆，是同行们羡慕与学习的榜样。"

孩子的眼神原本有些暗淡，听到周虹老师对自己爸爸有这么高的赞誉，眼睛里开始闪烁亮光。

接着，老师又神秘地问："孩子，你现在知道你爸是谁了，那你是谁？你从哪里来？要到哪里去？"

孩子笑了笑："不知道，我就是我呗！"

周虹老师突然亮出"一体思维"之器。她直视孩子的眼睛，坚定地说："俗话说'龙生龙、凤生凤'，虎父无犬子！你的爸爸是龙，那你是谁？"

孩子若有所思，眼神不再躲闪，坚定地说："我也不差！"

老师说："此刻'顺天之时，随地之性，因人之心'，我们说点真格的。你爸爸的公司经营养活了很多的家庭，有家国天下之豪情，对社会的长治久安持续做出巨大的贡献，你是他的孩子，你是谁？"

"我也应该是有本事的孩子！"

周虹老师又请上对母亲的"正铭印"之器："你的妈妈也在不断地'升级进化'，现在她也开始带自己的徒弟了，是许多人羡慕的讲师，以后还准备开自己的专栏节目，你又是谁？"

儿子眼神里的光越来越亮，腰板也慢慢地直起来："我是社会精英的孩子！"

"你的父母曾经都是大学里的佼佼者，孩子，你是谁？"

这时儿子的眼睛炯炯有神，后背越来越直，满怀希望地望着老师。

"你的未来属于哪里？你未来的人生定位如何？是不是也和你的爸爸妈妈一样？宝贝，你会是谁？"

儿子若有所思地望向远方。

老师的话铿锵有力，每个字都闪着金光照耀着儿子："你是成功企业家与拥有无形文化之人的孩子，是精英少年！"

孩子挺了挺脊梁，仿佛一头熟睡的雄狮被唤醒，它抖动了一下庞大的身躯，那些对自我生命的否定观念被碾压得粉碎，一股新的生命力量迸发出勃勃生机。

老师又问儿子:"你对你妈有什么想说的吗?"

"她开心就好!"孩子不假思索地回答。

这时候,老师取出"正能量"之器:"你放心吧,你妈有虹汇呢,与开心喜乐的'虹汇阿姨们'在一起终生成长,她会越来越好的,你放心好了。"

孩子相信虹汇,相信周虹老师,对我,他也放心了,脸上露出了轻松的笑容。

晚餐后,别的孩子都先回房间了,儿子一直跟着老师和十几个阿姨一起到楼下花园,对着月亮傻傻地唱情歌,久久不愿离去。儿子从来没有这样过,他是被周虹老师和虹汇团队成功幸福文化的美好感觉所吸引了。那天晚上,我也"醒"了,发誓要成为像她们一样"藏器于身"的女人。

第二天上午,周虹老师又取出"实事求是"之器。对儿子说:"你爸爸是一个有序、有内涵、有情怀的男人,大部分人看不懂他,一般女人都配不上他,特别是你的母亲。"

"嗯!"

"也许你认为你的妈妈是个受害者。我和你妈妈相处过,她曾经邋里邋遢、无序、无品,如果换作我,我也不跟她过。我理解你爸爸的苦,他因为你的妈妈做了冒犯他心理底线的事才离开你们,我支持你爸爸的决定,如果他不离开你妈妈,他的身心健康会受到影响,这样也会影响企业的长远发展。"

"嗯,我知道了!"

"现在,你的爸爸还是那个爸爸,令人尊重;你的妈妈却不再是从前那个妈妈了,她以后也会成为令人尊重的虹汇导师。"周虹老师取出"预设"之器。

"你是有风骨的精英少年,你要多与你的爸爸沟通,讨论你的学业计划和人生职业规划,让他知道你是个有理想有抱负的孩子。"

孩子使劲地点头:"好!"

"以后与你爸爸在一起要观察、学习他的'眼色',比如出门帮他提着包,喝酒了为他递上准备好的水,多关心爸爸的身体,他就会觉得你越来越有用。"

"行!"

"在新家庭中,你要尊重阿姨(前夫的现任妻子),爱护你同父异母的弟弟。你知道你爸爸最大的心愿是什么吗?"

"不知道。"

"他最希望看到的就是你能与阿姨、弟弟和谐相处。"

"我知道了！"儿子瞬间长大、懂事了很多。

三年过去了，正像老师预设的那样，我现在成了虹汇导师、培优专家，也有了自己的虹汇专栏节目。儿子也像插上了自信的翅膀，浑身充满力量，乘风破浪，勇往直前。

在此后的生活中，我更多地关注自己的成长，事业精进、生活自律。我还时常感激前夫对孩子的付出，处处树立孩子父亲的威信。我会经常对儿子说："你看你爸爸多爱你呀，精心给你挑选这么有实力的国际学校，以后你要更理解他。"

儿子也是好消息频传。

"妈，这会儿我正在给爷爷做他喜欢吃的烤翅。"

"妈，我马上去上雅思课。"

"爸爸昨天带我参加了公司的董事会年会！"

"我这次考试得了全校第六名！"

……

前两天又传来孩子的好消息：他率领自己的团队代表北京参加了由英国非营利性教育组织 ASDAN（英国素质教育发展认证中心）发起的 ASDAN 全球青年经济论坛模拟商赛（中国赛区），并顺利闯入决赛。

2021 年，我又参加了虹汇培优专家课程，收藏了"回声法则""行中有善""人品刻在眼里""吉无不利""父母恩未来路""唯变所适"等"器"，对收藏"文化之器"越来越"上瘾"，自己也开始帮助身边更多的朋友解决人生难题了。

我希望所有的朋友都能拥有能令家庭幸福的"文化之器"，学以致用、"藏器于身"，使自己的家庭走向成功、健康与喜乐。

国民精英

道阻且长
——当不能与"藏器于身"的孩子同频时

我们一家四口,儿子果果五岁,女儿妍妍两岁,他们各个是"藏器于身"的高人,而我维度太低,简单粗暴,家里的生活被我搞得一团糟。

周末收拾完家务,我本想躺在床上舒舒服服睡个午觉,刚躺下来就听到在卫生间洗脚的儿子叫:"妈妈,水太多了,我端不动。"

"你可以把水倒出来一些。"我温柔地说。

"妈妈,我衣服弄湿了。"

"没事儿,一会儿把衣服脱了。"我继续保持着温柔的语气。

儿子央求道:"妈妈,我不会洗脚,你过来给我洗吧!"

"妈妈知道你是会自己洗的,自己的事情要自己做!"我有些不耐烦了,语气里带着一些强硬。

儿子开始大声喊:"我就是不会,我就是不会……"

听着儿子的喊声,心里的对抗情绪升起,我躺在床上就是不动,儿子的叫喊声变成了大哭、嘶吼,我头痛欲裂,这时,儿子如小野兽般向我扑来,我举起的"魔爪"眼看着就要落在身体单薄的儿子身上,"打孩子是父母无能的表现",老师的这句话像紧箍咒一样让我动弹不得。

一阵纠缠之后,儿子躺在床上睡着了,我却一个人失魂落魄、思绪万千。儿子醒来后，躺在床上默不作声，两只乌黑的大眼睛看着黯然伤神的我，小家伙瞬间拿出"眼色"之器："妈妈，我错了，我不该打你，你可不可以原谅我？"儿子可怜兮兮地说。

"不可以！"我毫不留情地回应。

"那暑假我们还出去玩儿吗？"儿子又问道。

"因为你让我伤心极了，我不愿带你们去玩儿了。"我一边抹泪一边生气地说。

本以为儿子听了之后会继续哄我开心，但他却顺手拿出在虹汇课程上学的"质疑"之器，直接把我撂翻："妈妈，我质疑你，你说话不算数，你答应我的事情必须说到做到。"儿子斩钉截铁地说。

我愣住了，人家不吃我这一套。与此同时，我不禁惊叹于儿子的学习和实践能力，他真的如老师所说，小小年纪就能全面吸收课堂的内容，而且我也看到了儿子内心强大的力量，以后当儿子在学校或社会遭遇"权势"的不公正待遇时，至少他敢为自己发声，这不正是我希望看到的吗？

孩子的言之凿凿让我无地自容——过往我常教导孩子"言必行，行必果"，孩子也一直在遵守我们订立的零花钱、玩电子产品、做家务等契约，现在我怎么能通过毁约的方式来惩罚孩子呢？面对这个身体单薄，灵魂却如此强大的"神孩子"，我被震醒了！

晚饭过后，孩子又掏出了他的"幽默"之器来博我一笑。人家自编自演一首《你笑起来真"难"看》的歌曲，逗得我拧巴的脸终于舒展开来，看到我露出了久违的笑容，孩子又执着地问道："妈妈，你还爱我吗？"

依然陷在负面情绪里的我答道："我谁都不爱。"

谁料儿子并没有被我赌气的话伤到，人家取出"步步为赢"之器，跑到爸爸面前，大声问："妈妈，你爱爸爸吗？"

这时不到三岁的女儿也使出了自己"明心明目"之器问："妈妈，你爱我吗？"

我一时间被两个孩子问得羞愧难当。我难道要告诉女儿，因为你没有犯错误，所以妈妈是爱你的；因为哥哥犯错误了，所以妈妈不爱他了？

老公似乎从尴尬的氛围中嗅到了什么，问两个孩子："你们俩最爱谁呀？"

没想到两个孩子回答得干净利落，大声地说："爱妈妈！"

老公又抛出"幽默"之器，问："难道不是爸爸吗？"

两个孩子再次清脆地回答："是妈妈！"

"我都有点吃醋哦，不过我也最爱妈妈了，所以不可以欺负俺媳妇！"智慧的老公幽默地回应道。

儿子趁机再次诚恳地跟我道歉，我却依然不识趣。

早已把我看透的老公并没有就事论事，他先是拿出了"共情"之器，跟我分享了最近悟到的一句话："有时候半夜醒来我会觉得很无力，但是想想，成年人的世界哪有那么容易，有些事情很痛也要去面对，因为最终能依靠的只有自己。"

听了这句话，我的眼泪止不住地流了下来，内心所有的委屈一下子被看见了。泪眼婆娑的我望向了窗外——是呀，抱怨、指责、"向外求"，是死路一条。

老公紧接着拿出"持正念"之器，语重心长地说："孩子其实很单纯，有时候往往是我们大人想得比较多，曲解了孩子的一些行为。当我们消极解读别人的行为时，首先痛苦的是自己，不知道你有没有这样的体会。"

我点了点头，接着老公又使出一枚"破局"之器："孩子爱我们，比我们爱孩子要纯粹得多。"这句话再次将我震醒。

是呀，孩子不会因为我的一句责备、一顿打骂就疏远我、不爱我，我却因为孩子的一丁点过错就降低了爱的纯度和浓度；孩子不会用爱来要求我像别的家长一样优秀，我却一直打着爱的名义对孩子百般挑剔；孩子对我的爱无差别，我对两个孩子的爱是有差别的。

原来我一直被孩子们对我无条件的爱滋养着，我是何等幸福啊！

此时，看着怀里的两个小宝贝，我满怀愧疚地说："小宝军、小妍，妈妈爱你们，妈妈一定要好好爱你们。"

看到我们母子重归于好，一家人抱成一团，老公也感到很欣慰。没想到，这时老公又拿出"有管有教有罚"之器，温柔而坚定地说："果果，你伤心了可以哭，也可以有愤怒的情绪，但是你发泄情绪时打妈妈是不对的。爸爸觉得你除了跟妈妈道歉之外，还需要自己承担一定的后果，如果取消你这星期的'宝宝日'，你觉得是否合理？"

儿子欣然同意，我崇拜地看着眼前身高"两米八"的老公，无比佩服他。

望着身边这两个"新物种",还有这位"谈笑间樯橹灰飞烟灭"的枕边高人,他们各个"藏器于身",我必须要醒来!老师曾问过我:你想选择什么样的人生?是被老公、孩子嫌弃,被社会抛弃,还是"藏器于身",做智慧女人,受人尊重,有个人价值和社会价值?

　　不久之后,我们一家人跟随周虹老师去平顶山阿婆寨旅游,儿子面对茫茫黑夜,一遍遍大喊:"幽灵妈妈,我恨你!"听到孩子一声声撕心裂肺的呐喊,我内心如夜幕般漆黑惆怅。面对我亲子关系的"死局",老师为孩子心痛的同时,救我于"无明"。

　　老师拿出"忏悔""真诚"之器,让儿子站在我的面前,引导我回忆从孩子出生到现在我犯下的种种错误,然后让我看着儿子的眼睛,一件一件事情向儿子真诚道歉,最后大声向他承诺:以后绝对不再动手打他!从那以后,孩子仿佛找到了护身符,只要有虹汇、有老师在,孩子就会觉得自己是安全的。我也有了敬畏之心,每当"邪念"升起,想要动手打孩子时,就会想起我的誓言,战战兢兢放下"魔爪"。

　　因为老师说过,童年时期父母是孩子的全世界,一个孩子不相信自己的父母,长大后,童年的阴影就让他很难相信身边的人,对他以后的工作、生活会有很大的影响。

　　我彻底明白了、醒了,我一定要让自己不断成长,成为一个"藏器于身"的女人!

消融『二元对立』

无"二元对立"之生灵观
——同性恋倾向之谜

在周虹老师的公益直播间，我忐忑不安地坐在她面前，难以启齿，还好直播间只是传出我的声音，大家看不到我是谁。我在心里给自己打气：是该面对的时候了！

"老师，我大儿子有一个特别要好的男同学，关系特别近，如果他们不能及时见面，儿子就会情绪不稳定，我想知道他们是不是同性恋？"我的声音有些颤抖，我很害怕。

周虹老师没有直接回答，巧妙地拿出"多元文化"之器给我定了定神："实际上，很多国家现在对同性恋的态度是非常客观和接纳的，甚至很多国家、区域已经把同性恋列入合法的婚姻。但中国社会现在对同性恋的看法还是比较严苛的，如果孩子有了同性恋的倾向，或者哪一天孩子突然对父母宣告'我是同性恋'，对父母、对家庭来说无疑是晴天霹雳。"

我听完频频点头，老师替我说出了内心的焦虑和不安，我好像没有刚才那么紧张了。

"在我二十多年的工作中，通过对许多家庭的观察，真正的原发性同性恋者其实比较少，微乎其微，有一大部分或者说是绝大部分都是由后天的生养环境造成的，形成原因大约有十多种，如果是符合其中三种及以上，就可以判定为同性恋。其实作为'00后'的孩子，他们持'无二元对立'的生灵观，以后有双性恋倾向的更多。"周虹老师语气平和，听不出一丝的评判倾向。

我非常信任周虹老师，她的最后一句话让我觉得我儿子不是特例、不是奇葩、不是怪物。我不再是被逼无奈地寻求帮助，而是开始真正地去面对了。

"接下来，我会一种一种地分析同性恋的成因，你来对照，是否符合。"周虹老师说。

从拒绝父母到拒绝生育

"第一种，孩子和父母的关系特别差，从小与父母的互动完全启动了对抗的模式；父母之间关系也不好，对孩子冷漠或者简单粗暴。这些孩子的同性恋倾向表现为从拒绝父母到拒绝生育。他们不想要孩子，不想繁衍下一代，不愿意养育，因为他们很害怕自己也沦为像自己父母那样不合格的父母。这个成因受潜意识中的隐形动力影响，可能当事者自己都不太了解。"

周虹老师解释完，问我："你儿子和你们的关系如何？"

我十分惭愧："儿子两岁半就上了幼儿园，因为我工作很忙，平时对他关注很少，他也很少主动跟我沟通；他爸爸对他也是指责、要求比较多，曾经因为作业问题还狠狠地揍过他，身上被打出了多道血痕。"说完我忍不住潸然泪下，这是我不愿回忆的经历。

"这一条成因你儿子符合吗？"周虹老师问。

"大宝看到我生活得不开心，照顾弟弟也十分艰难辛苦，曾经告诉我将来他不会要孩子，不想过我们这样的生活。"我点点头低声说道。

"孩子看着父母长大，你需要调整你们的家庭文化，朝向希望与光明。"周虹老师鼓励我。

"你要开阔眼界和心胸。也有很多这样的人——他们一个人生活，没有进入婚姻，社会就把他们标签为同性恋，其实不见得，只是他们没有去解释、去辩解。但是大家都会这么看，其实这是一种对人生苦难的曲解，希望大家对周围这样的人群要给予接纳和宽容。"周虹老师亮出"无'二元对立'的生灵观"之器引导现场和直播间的朋友们。

代替异性父母给同性父母爱

"第二种,代替异性父母给同性父母爱。由这个成因形成的同性恋者在我以往的工作中是有真实案例的。一个单亲爸爸从小既当爹又当妈地把儿子抚养长大。儿子非常优秀,等大学毕业的那一年,儿子突然跟爸爸讲他是同性恋,他爱上了他们班的一个男同学,要求爸爸必须接受。"周虹老师说的故事深深吸引了我。

"这个父亲一直未娶,对儿子投射了类似伴侣的情感期待,儿子认为父亲付出很多,愿意回报父亲的爱和情感,在潜意识中把自己泛化成了父亲的伴侣,归属为女性。女性应该喜欢男性,然后他在他班上看到了一个跟他爸爸的能量特别相像的一个人,他以为这是爱情,其实是对爸爸情感期待的认同感、归属感。"周虹老师用"清晰"之器逐层分析着原因。

我说:"老师,我们家不是单亲家庭,这个成因在我们家不成立。"

"你们夫妻关系如何?"周虹老师问。

"我已经对老公封闭心门了,几乎不怎么和他交流沟通。自从有了二宝,我们就正式分居了,我们俩都不愿意妥协。"我回答。

"看你的发型、服装、体型,在潜意识里也许你早已不把自己看作女人了。在两性关系里,你也没有做好妻子的职责,你们家有女人吗?"周虹老师引导我反观自己。

我低下头,心里揪着疼,这么多年,我一直在证明自己的有用、独立、刚强,我不靠老公,甚至在自己遇到投资失利的经济危机时依然是一个人扛着。我不温柔、不可爱、不性感,真是如男人一般。但我认为自己是生活所迫,也为儿子付出了很多,所以我不希望我的儿子出现任何问题。

"中国的父母总是以为自己为孩子付出了很多,但是从我的角度看,其实是孩子们承担了来自父母的很多问题,所有的孩子都愿意为父母做很多的事情,这是许多父母不知情的。他们内心都有一句话,'爸爸妈妈,我愿意为你们做任何事'。"周虹老师好像有"读心术",一下子看透了我的心思。

"你的儿子是在替你承担你们家缺乏的女性力量。你调整自己回归女性身份,孩子还是有希望的。"在我对自己失望痛苦之时,周虹老师不失时机地拉我出坑。

"你只是孩子,做孩子就好,不需要替父母担责。"这些话是老师让我不断重复说给儿子听的,"催眠"之器行之有效。让大宝离开与爸爸同住的房间,给他独立的专属空间,这样老公情感的匮乏不再过多地投射给孩子,我和老公自己解决我们之间的问题。"男人是男人,女人是女人",是周虹老师此刻传授给我的解除此成因的文化之器。

用性别作为对抗控制的工具以寻求关注

"第三种,用性别作为对抗控制的工具以寻求关注。这类孩子同性恋倾向特别强,我个人认为大概有30%~40%的同性恋者,其实都是在这个成因上在进行挣扎。他们从小被掌控,不被父母关注,不被家庭滋养,身上弥漫着浓郁的匮乏气息,由于一直渴求得到爱的'心瘾'没有被满足,所以他们用异常的行为去吸引父母的关注。"周虹老师解析道。

"'我现在成了一个这样的人,让你们丢人的人,你们这么多年不管我,我成了同性恋,我看你们还能怎么控制我?这件事你们无法控制了吧?哼!'这便是这类孩子的心理写照。有些同性恋倾向的孩子,其整个生命状态呈现的皆是对父母的惩罚。"周虹老师对孩子们的内在语言早已研究透彻。

周虹老师没有说完,我已经开始了自测。

我关注我的儿子吗?不,我关注更多的是我生活的苦难。

我滋养过我的儿子吗?不,滋养究竟是什么,我还一头雾水呢。

我满足儿子的需求了吗?不,我根本不知道他想要什么。

儿子这是在提醒我呀!我对他还有嫌弃、对抗!一时间,自责愧疚之情塞满了我整个胸腔。

"老师,这一种,我认,这也是我来虹汇学习的目的。"在现场,我有些无地自容,但心存希望,相信虹汇的文化可以帮到我。

周虹老师捧出"看见自己受益部分"之器:"你也不必过于悲观,这件事你受益的部分是你开始与过往和解,开始对同性恋现象进行研究,如果你身边有类似的家庭或者孩子,你是不是可以帮助他们?未来,你也要做助人者!"

我将信将疑,但帮助别人也是我渴望达到的人生目标,于是认真地边听边记起来。

"在生活中，有些女孩子身上有一种特别的能量，是男孩子口中的'生猛海鲜'，眼神和肢体拒人千里之外，形体动作里表现出粗暴、愤怒的力量；对父母态度非常恶劣，与周围人互动也是冷冰冰的，不愿交流，毫无善意，走进人群中时，就像一个个横冲直撞的装甲车，谁碰她们都会受伤。"我听呆了，仔细想想，在生活中确实发现过这样的女孩子。

"她们明明是一个个漂亮的女孩子，但是女性特有的美好像都被她们藏起来了，或者被她们弄得支离破碎，在这些孩子身上看不到一件完整的东西。如果父母在孩子0～6岁时把他委托给别人养育，或者重男轻女思想严重，渴望自己的头胎是男孩子，对女孩子的冷漠从孩子出生那一刻就有了，现在称之为'厌女情结'，那么这些女孩子在潜意识里就有了强烈的'做男孩子'的生命动力，于是无论外形、衣服、嗓音还是动作举止都会像男孩子。"周虹老师不仅详细描述了有同性恋倾向女孩子的共性特点，也对她们父母的特征做了总结。

接着，周虹老师给出不被父母关注的孩子的"疗愈"之器操作方法。

第一，父母一定要给孩子奉上一个彻彻底底的道歉，这一切不是孩子的错。

第二，父母尊重、接纳孩子的性别。

第三，父母给予孩子更多的认可、拥抱、关注、赞美、悦纳，把孩子0～6岁期间未满足的部分重新来过。

父母要持续耐心地去做第三条，逐渐触碰孩子内心最坚硬的冰山核心部分，注入一股爱的生命之泉，让孩子活出原本的自己。

听到这里，我卸下无知的慌乱，有了更强的探索欲望，我真的应该在生活中好好观察、研究，提醒身边的父母们清醒面对自己的孩子，防患于未然。

独生子女代替了同性父母或长辈的前任伴侣

"第四种，独生子女代替了同性父母或长辈的前任伴侣。这是更隐蔽的动力了。在家族成员中有很多隐藏的动力和位置，这个位置又被家里的长辈遮盖或者是排除，那么后代就有很多愿意替别人承担责任的善良的孩子去填补这个位置，于是就在别人的位置上成为另外一个人，甚至有时候连性别也要与其填补位置的那个人保持一致，从而产生了同性恋倾向。这是一个特别隐秘的动力，但在同性恋倾向人群中占的比例还是不少的。"周虹老师不急不躁地说道。

这些理论太陌生，我听得有点懵，同时对那些看不见的无形力量多了一份敬畏，暗自庆幸自己修习"文化之器"的选择是正确的。

"这个隐秘动力在生活中不易觉察，我们团队已经用虹汇的核心技术手段处理过许多类似的案例，如果未来你做好准备想更深地探索，可以跟负责为你服务的总监联系。"周虹老师说完，我回应她确定的眼神。

用性别实现对性别的认同

"第五种，用性别实现对性别的认同。比如一个男孩子，他现在特别女性化，很阴柔，比女孩子还女孩子，那么就代表他特别渴望自己成为一个女孩子，他的这种渴望已经超越了对自身性别的认可。这一类型在同性恋倾向中占的比例也是很高的。"周虹老师认真解析，"可能是在他的家庭中，女性地位一直被彰显，为了生存，他要成为女性。"

我在心里琢磨着，从儿子的情况来看，这也是一个成因，内心真是七上八下，情绪忽好忽坏。我提醒自己要振作起来认真面对，才能解困。

接下来，周虹老师又列举了很多同性恋倾向成因。

第六种成因是子宫期待，有的孩子从小被当作异性对待，那么他也可能就会忠诚地认同这种期待。

第七种，由于重男轻女文化的深远影响，很多女性都比较"中性化"，像"爷们儿"一样去抢男人的位置，做着男人的事，在家庭中在"爸爸位"上占据，导致家庭中妈妈不像妈妈，爸爸不像爸爸。

阳性力量被地球上的人类所崇尚，但在宇宙阴阳平衡法则之下，必不可少的阴柔力量谁来补充？男孩子！

女孩子越来越阳刚，男孩子反而越来越阴柔，动不动"娘娘腔"就出来了，"妈宝男"也越来越多，女人不像女人，男人不像男人。

我对儿子没有子宫期待，但是我的确"中性化"，看来我接下来要做的人生功课很多。

回归自己的位置，做足"女人格"。

尊重孩子们性别的原貌，不期待女儿像男孩子一样刚强；不掌控儿子，从而扼杀他们的"血性"。

放下焦虑与恐惧，爱好孩子，不再冤枉孩子，不再让孩子替家庭文化、族群的隐秘动力"背锅"。

启动对孩子祝福的力量，祝福他们成功、健康、幸福。

童年生活环境多为异性群，性别归属感转换

"如果一个人的童年生活环境多为异性群，那么他的归属感可能会被异性群所转换，这是第八种成因。在以往的工作中，我发现了很多这类孩子。比如那些家中最小也是唯一男孩儿的一些孩子，他就可能会特别阴柔，甚至是在同学中，他跟女孩子相处得特别好，就像姐妹一样，却产生不了那种异性之间的吸引，反而他同化于女性，对男孩子更感兴趣，这种情况就是来自他生活的环境。"周虹老师继续分析着。

我认真地记录对照，发现身边还真的有类似的男性，之前总觉得他们"怪怪"的，现在明白了背后的原因。仅仅是对一个问题的探根寻究，我的眼界和格局已经在扩大，于是再一次明确自己要做"藏器于身"之人。

父母角色的缺乏

"第八种是父母角色的缺乏，比如离婚单亲、父母早逝等，这些都可能是同性恋的成因。"

我不禁感叹老师太有耐心了，这不仅是解答，简直是一次科普讲座。

周虹老师问道："你手机上有你们家三个男人的照片吗？拿过来让我看看。"

我迅速回答："有的。"可是翻找了半天也没有找到照片，手心直冒汗。

"你是你们家的女人吗？找家人的照片还需要这么大费周折吗？那你今天回去的作业就是把你们家的三个男人照片发给我。"我接受老师的批评，内心猛地被扎了一下——我每天到底都在忙什么？什么才是生命中最重要的事情？我暗下决心要成为"藏器于身"的母亲。

第一次性体验与同性发生，忠诚于初期模式

"第九种，有极少数的同性恋是因为第一次性体验是与同性发生的，此后他就忠诚于初次模式了。十年前，我接触过几个男孩子，他们都是属于这一类，在一些聚会上没有任何的防备被同性引诱，然后就只能沉沦于此。"周虹老师说出了同性恋倾向的第九个成因。

这一点警醒我的是，只有与孩子有细致交流与沟通的习惯，孩子遇到这类情况才会主动倾诉寻求父母帮助。慢慢地，我梳理出来一些思路——良好的父母关系、两性关系、亲子关系至关重要，可以规避许多的风险。

"最后一种便是原发性的同性恋了，其实这种是比较少的。好了，同性恋的成因都给你介绍完了，相信对于结果你也心里有数了。"周虹老师说。

我心里的确有数了，不仅仅是对儿子的现状，还有未来我要成长的方向。

"虹汇直播间的朋友们，你对同性恋是接纳还是歧视？通过我们刚才的对话，你有没有回望一下自己的家庭生活，或者周围亲戚朋友的家庭生活？有没有类似这样不能让孩子们按照自己原有的性别取向去正常发展的？每个人都有自己的苦，有自己的为难之处，并不是每个人都想成为别人眼中的'奇人'。每个人也都有自己选择的权利，活成自己想要的样子。不在乎其他人的眼光，这不是每个人都有的勇气，所以希望大家对同性恋倾向者持有客观的态度。其实每个人怎样活，自己决定就好了，别人是无法干涉和评判的。"老师的"凡人皆需敬"之器上场。

"假如我们不想让孩子由于家庭养育环境的问题而走向一个我们不认可的方向，那么我们从孩子出生时就要用良好的家庭文化去滋养他。"周虹老师再次亮出"多元文化"之器，作为地球村的每一个人，愿我们彼此温柔以待。

现在的我已经是"同性恋倾向"课题的研究者，明白了同性恋倾向的每一个成因，也是一个"藏器于身"的人了。我立誓去助力更多的人走出同性恋倾向的"迷局"。

多维度调频

——父母以师者的角度成就孩子

<big>站</big>在我面前的这个女孩子十一岁,却已经佝偻着背,整天闷闷不乐,话也越来越少,问她话也只是摇头。对好像是忽然间长大的大女儿,我突然觉得有点陌生,想要帮她却无从下手。

当我加入虹汇培优计划,才知道做父母也是分段位的,想要教育好家里的三个孩子,我必须升级成为"高段位妈妈"。我如饥似渴地参与到虹汇培优计划的各项领域,像海绵一样吸收着各种"幸福文化",如为人父母必修十堂课、两性关系十堂课、财富、眼色等虹汇经典课程内容,以及所吸纳的一件件"文化之器",并积极地运用它们来解决我和孩子遇见的实际问题。

可能是大女儿看到我一天比一天自信,她终于愿意跟我谈一些问题了。有一天,她苦恼、茫然地跟我说:"妈妈,我在学校没有一个知心的朋友,我很不开心……"

我回想起自己曾被周虹老师所讲的"师者维度"深深吸引:师者是解决自己和他人问题的专家,对求助者没有对错评判,只有成就之心。他时常能够从沟通中抽离出来,多维度调频,从多个角度引领求助者看待和解决问题。

此刻,正是我应当转换维度,运用"师者"之器的时候,我试探着跟大女儿一起进行探讨,我问:"宝贝,你学习这么好,而且一直都是班长,应该是同学和老师都信赖的人，怎么会没有朋友呢？"我悄悄地用起了"赞美"和"成就"之器。

女儿回答："女生都不喜欢我，我也不想理她们，可男生又都好傻。"

看到大女儿主动敞开心扉，我心里很高兴。"高段位父母"会培养孩子成为自主学习、自主生活的高手，面对学校、老师、矛盾，不逃避，练就积极自助、自救的能力。我继续站在师者角度，运用"相信"和"引导思考"之器，启发孩子找到问题的答案。

我问："如果老师拜托你完成一件任务，你需要其他同学帮忙，你会怎么做？"

女儿说："老师会派人帮我完成的。"

我点头道："哦，那倒是。但是，如果你自己就能让同学们协作把任务完成，老师会不会更加信任和认可你呢？这样你也可以把班长做得更理直气壮，对不对？"

孩子点点头，又摇摇头："可是，我不知道该怎么做……"

我故意放低声音悄悄地说："如果你对他们说，'请'他们帮助，你想象一下，他们会怎样？"

看着孩子陷入思考，我继续问："就比如说，女孩子们为什么会不喜欢一个学习好、老师又特别信任的女生？如果换作是你，你觉得是为什么？"我适时启动女儿的"多维度调频"之器。

女儿喃喃地说："是不是因为觉得我和她们是不一样的人？噢，我知道了，是不是因为我在她们眼里太高高在上了？"

初战告捷！孩子本来就是解决自己问题的专家，只是需要有人来倾听和相信他们，我给大女儿伸出了大拇指。

"如果现在你能够对班上的女生面带微笑地说'请'字，她们会是什么感觉？"

女儿积极配合我的引导："她们会觉得我还是挺好接触的吧？"

我笑着点点头："你要去试试看啊！"

女儿终于露出了难得的笑容。看着她意犹未尽的样子，出于师者的敏感，我觉察到孩子的心灵越来越敞开了，此时正是我们深入探索打开潜意识的好时机。于是，我乘胜追击："好，咱们再来说说怎么对待男同学们吧！"只见女儿的眼睛里闪烁出亮光又有一丝躲避和羞怯。

大女儿正值青春期，"高段位父母"会未雨绸缪，早日培养孩子对异性和情感的认知。独立自主的孩子，无论什么年龄都应"藏器于身"，具备探索未来优质伴侣的能力，会识人、识能量、识心、识家庭文化、识人性。

想到这里，我说："宝贝，再来开动你聪明的脑瓜，想一想，你为什么会觉得那些男生傻呢？"

大宝不好意思地低头笑了："哎呀，应该还是因为我高高在上吧！"

"拒绝去了解和敞开"这层窗户纸被聪明的宝贝一下子就捅破了。我现在不仅仅是妈妈的角色，同时也站在师者的角度，认识到在这个问题上，我对孩子起到了根本性的影响。此时，我果断请出"师者准则"之器：对求助者说明结果——过往为因，成长为果。同时取出"道歉"之器："宝贝，对不起，你之所以出现这种困扰，其实妈妈有很大的责任，因为妈妈以前对你忽视太多，缺少细腻的情感交流，导致你慢慢不愿意与他人敞开沟通，对不起！"

大女儿听到我这样说，竟然流下了眼泪，我紧紧把她搂进怀里，此时是"疗愈"之器在发挥作用。等女儿尽情释放完自己的情绪，我继续引导："宝贝，你是个聪明有主见的女孩子，一向是有准备地做事。如果现在就开始有意识地去接触、了解男孩子，学会识别从优秀家庭文化中培养出来的异性，等到要进入恋爱和婚姻的时候，你就可以选择自己想要的最适合你的伴侣了，这是不是你想要的生活呢？"

孩子有些害羞，怯怯地问："这样做会不会早恋呢？"

我笑了："这都怪妈妈，以前给你灌输了这些刻板观念。现在我明白了，人是'情感动物'，人与人之间的情感都是正常的，喜欢一个人也是正常的，丰富的情感体验会让我们内心更充盈、更美好。"

大女儿的脸色一点点明朗起来，正在这时，五岁的二女儿闯了进来，在姐姐身上又拉又打，这也是我一直以来头疼的一件事情，二女儿经常对着姐姐发脾气，姐姐通常是不吭声的，忍无可忍就转身离开一会儿。

跳出妈妈的角度，站在更高处看所有的事情，我看到了姐姐的不容易，她的所做所为就像是妹妹的妈妈，我不禁万分懊悔：我这个妈妈平时都到哪里去了？今天，我一定要有所不同了！

我把二女儿轻轻地拉过来，问她："你怎么了？"

她低头说："我想跟姐姐玩儿，可她总是在写作业。妈妈又总抱妹妹，也不跟我玩儿。"

我轻轻摸摸她的小脸："姐姐比你高，比你力气大，你知道姐姐为什么不打你吗？"

二女儿瞪大了眼睛直摇头。

"因为姐姐爱你呀！你也爱姐姐，对不对？"

二女儿使劲点头。

我继续问道："你以后是不是也会像姐姐那样去爱她？"

她又使劲点头。

我接着取出"同理心"之器："我知道没人陪着玩儿的烦恼，但是，如果姐姐不完成作业，老师会不会批评她？她还是大班长，同学会不会嘲笑她？"

二女儿继续点头，我拍拍她的小脑袋："宝贝真聪明，以后再想跟姐姐玩儿时，是不是知道该怎么做了？"

她想了想说："我会不打扰姐姐，等她赶快写完，就能跟我玩儿了。"

我赶紧亲了亲二女儿，又搂起大女儿，说："妹妹真聪明，长大肯定也像姐姐一样是大班长！"

我也赞叹那天的自己，已经完全可以站在一个"师者"的角度，运用"序位法则"之器，将大女儿树立成了二女儿心目中的标杆，当我爱好大女儿，做好她的坚强后盾，妈妈的爱和支持就可以源源不断地通过大女儿向妹妹们传递下去了。

后来，随着我和大女儿之间新的沟通模式的建立，大女儿越来越开朗。我在虹汇的学习过程中了解到，零花钱对青春期孩子有着重要的作用，也是确立孩子财商的重要过程，就把大女儿的零花钱由原来的每月四十元涨到每周五十元，至于怎么用，我完全不干涉。孩子的笑容越来越多了。随着学习的深入，我又为大女儿增加了专门的服装经费和娱乐经费，渐渐地，开始有同学经常在周末约她一起出去玩儿了。我知道，我那个无忧无虑的大宝贝终于回来了！

感谢虹汇培优计划，它使我快速成长。在帮助大女儿重拾快乐和自信的历程中，我不断地在运用虹汇"文化宝库"中的许多个宝贝："师者角度""多维度调频""高段位父母""序位法则""同理心""道歉""疗愈""引导思考""相信""赞叹""成就""善护孩子"以及对求助者说明结果——过往为因，成长为果……

因为拥有了这些无形的"文化宝器"，我从一个奔波无力的"三孩儿妈"变身为喜悦丰盈、充满价值感的助人者，助己助人，乐享人生！

雌元化 不战而胜之柔武战略

娇声胜于怨言

——细节成就家庭关系

"勤天下无难事"之器是勤奋、自解、自救、自爱、自我成就之重器。要想活得幸福就一定要做到这些。"藏器于身"的人容易从重大困境中轻松解脱。

我的膝关节年轻时就有问题,不能做剧烈运动,十年过去了,每天上下五层楼途中膝关节就会疼,所以想换一套一楼的或者有电梯的房子,却一直未能如愿。平时我会在表面忍着,但心里抱怨,想让老公和儿子主动安慰我,结果却让我失望。失望让我失去理智,把负面情绪释放给老公:"……天天爬楼梯那份难以忍受的疼痛你能想象吗……你真的这么不在乎我吗?我对你非常失望!"

他有时怒目圆瞪地看着我一言不发,有时会冷冷地说:"就你娇气。"

家里的氛围非常压抑,难道他们真的看不到我的痛苦吗?

我加入虹汇培优项目后,把虹汇当成救命稻草。周虹老师和各位培优专家为我量身定制了成长计划,深挖我的个人习性,通过学习无形的"文化之器",助我成为解决自己问题的专家。

在培优专享辅导中,老师和各位培优专家明确指出我的习性:从来没有从细节上促成过自己的目标。

"沟通需求"之器

回到家,我开始按虹汇培优计划进行操作。首先,准备好"沟通需求"之器(家人之间有什么需求要说出来,相互沟通满足彼此的需求)。

我和颜悦色地把切好的西瓜端到老公旁边的小桌上:"老公,最近我的腿疼得更厉害了,以前休息一会儿就会好,现在需要休息很长时间才能好一些。"

老公听后默不作声,坐到鱼缸旁边,静静地看着里面自由自在游动的鱼。无形之器在运转着,我看到老公的变化,他没有转身离开,也没有嫌弃我。

"沟通需求"之器让我不生气也能和老公沟通自己的需求了。几次沟通未果,我下定决心靠自己完成梦想。

"细节成事"之器

我请出"细节成事"之器(把每件事情的过程进行细节化,在细节方面下功夫,各方面要考虑周到并付之于行动,把自己做了什么、有什么结果告诉所要进行沟通的人)。

"老公,今天我和物业沟通是否可以装电梯,物业说以前就有业主问过这事,装电梯需要占用私人停车场位,无法协调安装。他们让我去社区问问,我明天就去。"我有些疲惫地向老公汇报着。

"老公,今天我去社区问了关于咱小区装电梯的事,他们和物业说的一样,像咱小区的这种情况没有办法强制占用私人停车位,以前他们也协调过,没有结果,暂时没有很好的方法。我把政策文件复印了一份,放这儿了。"

正在修剪盆栽的老公没有任何反应,我顺手把文件放到他身边的花架上,转身离开。

"老公,房屋中介给我推荐了一个小区,我今天去看了看,环境挺好的,小区位置也挺好,还是一楼,就是没有院子,唉,没办法满足你的需求。没事,我明天再去看看朋友介绍的北区那套房子。"我像打了鸡血一样兴奋。

"老公,今天我去北区看了一套房,装修、户型、小区内部绿化、物业服务都挺好的,而且是现房。我拿了一些资料你先看看,我们这周六去,还是周日去看房?"我把自己的想法告诉他,静等回复。

由于我没有威逼利诱，只是持续地将具体的事情向老公汇报，所以，无形的"文化之器"发挥了作用，老公的态度比以前好很多，平静地回答："天气预报说周六、周日是高温，咱在家凉快，改天再去吧。"

他的态度有所松动，"藏器于身"的我拿出"跟随"之器："好的，老公，听你的，你这样一说，我感觉腿疼都好了很多。"

我转身回到房间，虽然有些不开心，但是周虹老师曾经一直让我去"看到"他人的不容易，于是我就立即启动"过往层层"之器（将自己与伴侣的过往梳理清楚，也让他知道我懂他，化解我们之间的隔阂）。此器一出，心里萌生出一个念头：老公也挺累的，每天辛苦工作。他对我的宠爱让其他人羡慕，每个月都能拿回来很多钱，给我买大房子、买好车……

在"细节成事"之器的推动下，我从书柜里拿出一个精致的笔记本，打开第一页，写起最近的计划：第一，每天坚持给老公写忏悔录，对曾经的事描述、忏悔、道歉。第二，每天对着镜子练习说话，注意表情、语调、语速、美感，丰富自己的内心。

从那以后，我每天把写好的忏悔录放在卧室的床头柜上，并坚持每天读书、练习说话。不知老公是否看过忏悔录，但他对我的态度确实有所改变。我知道"文化之器"在发挥着神奇的能量。

"娇声胜于怨言"之器

我拿出"娇声胜于怨言"之器（情绪稳定地用温柔的声音表现出自己的真实感受，引起伴侣的怜爱之心和"慈悲心"）。

我和老公正坐在客厅看新闻，腿突然疼起来，我自言自语道："哎呦，腿怎么又疼了？唉！"

"嘶——怎么又疼起来了？"我从卧室门口一瘸一拐地挪到床边，老公一脸严肃侧卧在床上看着书，我知道他听到心里了。

吃完晚饭，我坐在沙发上揉着胀痛的小腿"唉，这什么时候能好呀……哎呦！"

"老公，我在爬楼梯，已经到三楼了，现在腿有些痛，我休息一小会儿，你别着急,我一到家就做饭……"我忍着疼痛给老公发着语音。

"一夜被腿疼醒好几次的滋味儿真不好受……"一大早,我在微信朋友圈发了一条信息。

用了一段时间的"娇声胜于怨言"之器,我心里没有那么多委屈了,情绪自然稳定了很多。

梦想成真

转眼间,"细节成事"和"娇声胜于怨言"之器运转了两个月。

"老公,你是在等我吗?"我看见站在楼下的老公好奇地问。

"没有,没有,我刚回来,这就上楼。"有好几次他都这样回答。

我感受到了他对我身体的关注,知道他是故意在等我。因为我们一起上楼时,他会帮我拿包,推着我、拉着我……帮我上楼,减轻我腿部的疼痛。

"咱表哥说这个保健品对膝盖疼痛效果好,我特意给你买了四瓶,你用用,看效果怎么样。"他不敢看我的眼睛,说完把药放在桌子上转身去了客厅。

从那天起,老公和儿子每天都提醒我吃这个保健品,一个人拿着药片、一个人端着水杯站在我面前说:"这个要按时吃,减轻腿疼的效果才更好。"我感动地拿着药,心里感觉暖暖的,不禁热泪盈眶,腿瞬间舒服了很多。

老公还当着朋友的面说:"对不起,老婆,咱都过二十年了,还没有给你买过梳妆台,太委屈你了。"我强忍着泪水,微笑着看着他。

每天晚上睡前,老公都会拿着筋膜枪一边帮我按摩双腿一边深情地说:"你的腿疼、膝盖疼,我怎么会不理解?我又不是真的冷血,我也很心疼你啊!但是,有时候我也很无奈。"

我心里有些难受,说:"老公,我知道你很无奈,相信一定会有办法的。"

儿子给我推荐了一位理疗师,老公为我办理了调理膝盖、腿部以及全身的调理卡,调理了三次,感觉膝盖和腿的症状减轻了很多,我的笑容越来越多。

后来,老公开始思考关于房子的事了,他对我同事说:"如果六年前就听老婆的买房子、换房子,现在也已经挣到更多钱了,而且老婆也不会因爬楼梯而受更多的罪。"

老公开始不断反思自己这么多年努力的方向了："以前，我一直追求投资的一个标准——要达到一个什么样的数字，其实现在看来要信命，这几年下来还没有五年前投资的收益好。"

老公明白了什么是活在当下、享受当下。

"老婆，我今天看了一套一楼的大平层，还带负一楼，前边还有一个院子……"老公一进家门激动地拉着我说。

我还没有反应过来，被"文化之器"影响的老公继续说："你膝关节一直疼，特别想住不用爬楼梯的房子，这套房子地上一层、地下一层，我准备装个电梯，你不用走步梯就可以去负一楼。孩子需要有自己的活动空间，所以，负一楼将是他的世界，怎么装修他说了算。前边的院子就是我的地盘。这套房子是不是可以满足我们一家人的需求？"

我满意地点点头。

"还有一个最重要的事，我以后会把咱家的金钱转化为固定资产，减少在金融上的投资，让我们挣到的金钱产生更大的价值。"老公认真地说道。

"文化之器"的威力这么大吗？我真的梦想成真了？我激动得说不出话，只是特别崇拜地看着他。我体会到了真正的爱和幸福，搂着老公的脖子，紧紧地抱着他，爱的泪水在眼眶里打转。

后来，我们一家人去看了新房，交了订金，兴奋地憧憬着以后住在新家汇总的幸福生活。"藏器于身"的我掌握了"文化之器"的精髓，体会到了它的魅力。

"为者常成，行者长至"，让别人替自己承担责任的人，成不了大事，细节决定成败，这些都要靠自己亲自去完成才能收获想要的结果。

成为虹汇培优专家是我进入虹汇学习以后的梦想，当我梦想成真后，又收获了"同理心高于常人""脚踏实地""多赢细节""心量""刚柔并济""放下期待""梦想成真""真诚""满足"等宝贵的"文化之器"。

如今，我的家庭和谐安宁，家庭成员相互尊重、接纳、坦诚布公、真诚相待、各司其职。我相信自己会成为拥有更多"文化神器"的师者。

欲则立

带着方案去沟通
——细节成事

人生在世要想好好生活，身上没有良好的"文化之器"，可能会坎坎坷坷。这里所说的"文化之器"，是指我们对一件事的认知和态度，也可以说是朝向成功、健康、幸福的生存与生活能力。

曾经的我也是"藏器于身"，但我是藏"伤"器于身的女人，大多是"伤己""伤人"之器。

老公在外应酬，我开启"无限连环来电模式"，打几十个电话，还说一些威胁老公的话，打得老公关机——"泼妇"之器。

孩子不写作业，打孩子手心，泄愤、唠叨——"不成熟"之器。

仗着自己事业小有成就，回家冒犯父母，总以为自己比他们强——"不孝自大"之器。

于是，我的两性、亲子、父母关系问题不断，真是"种如是因，得如是果"，不禁感慨我活得好失败！

我的"伤人、败事"之器能否转换为成就他人的"成功、成事"之器？这需要生活事件的历练与见证。

"器"之转变

一天晚上,我为女儿精心准备了宵夜等她回家享用,谁知她走进家门便直奔自己的房间,完全无视我的存在,任由宵夜放在那里"冷冷清清"。我坐在客厅的沙发心生怨气,刚想去女儿房间数落她,"空镜救心"之器(空是如如不动,救是先救自己的心,在关系中选择适当的留白与抽离,面对外在的干扰,保持在自己的节奏里)悄悄登场,于是我迅速放下唠叨、指责的念头,拿起"冷静反省"之器,遇事先冷静,拥抱对立面。

我又坐回到客厅的沙发上,仔细聆听女儿房间的动静,只听房间里时而传来笑声,时而传来大叫声,时而念念有词,这是在干什么呢?我很纳闷,但尽量用"平静"之器控制自己不去打扰女儿,留心观察她到底在做什么。

原来,女儿回到自己的房间一边和朋友们闲聊,一边对朗读的语调、发音问题进行讨论,声情并茂的朗读声不时从她房间里传出来。

"宝贝,上课辛苦了,来,先吃点水果。"趁着孩子走出房门时,我温柔地向她传递着关爱之情。我拿起一块切好的水果放到女儿嘴里,女儿看到茶几上还有她喜欢吃的蒸鸡蛋,便在沙发上坐了下来。"眼色"之器随时傍身,我赶快端上蒸蛋递到女儿手中,我们边吃边聊起来:"宝贝,我很好奇,每天你的房间里都是欢声笑语的,你是在干什么呢?"我好奇地问女儿。

"我在配音。"女儿说。

"啊,你在配音啊?干正事呐!"我睁大眼睛吃惊地看着女儿说,"我女儿太厉害了,自学成才!既然你这么喜欢配音,那上大学可以选配音专业呀!""赞美""成就"之器此时威武出场。

"我喜欢的这个专业要走艺考路线,爸爸一定不会同意我去艺考的。"女儿眼睛里流露出失望之情。

我敏感地意识到,这是我和女儿建立更深的"链接"、加强彼此信任、拉近彼此关系的绝佳机会。其实这是困惑我好长时间的问题,我知道女儿想选择艺考,我也知道老公想让女儿参加常规高考。现在我必须有意识地创造条件,帮女儿彰显优势,实现梦想。

"细节成事"之器

那段时间,我开始查找各种艺考学校,还向自己的亲朋好友们询问相关信息,并在朋友圈发了请求推荐艺考学校的信息。女儿看到我的行动力,再有"链接"之器的助力,母女关系比之前更亲密了,我也更坚定了"做亲妈"的心。

"如果你真的喜欢配音专业,妈妈支持你,妈妈去和爸爸沟通,你放心。"我认真又诚恳地对女儿说,"支撑"之器给予我许多力量。

"妈妈,我喜欢这个专业,我研究好久了。"女儿斩钉截铁地回答。

"那我们在暑假期间先去看看艺考学校吧。"我回应得干脆利索,"藏器于身"的我告别了优柔寡断。我私下已经搜集了许多有关配音专业的信息,又和女儿进行了一番细致的沟通,计划等做好充分准备、拟定合理方案后,再找老公沟通。

暑假期间,我带女儿考察了很多家艺考培训机构,一番对比之后,我们选中了一家正规、规模大、教学质量口碑较好的高考艺术学校。回到家,我坐在沙发上开始制订方案与老公沟通,还向一位虹汇总监求助,她引导我运用"细节成事"之器。

我对今年高考艺考生的录取分数线、艺考生的录取学校信息等,进行了更加细致、详细的汇总和整理:

哪些大学有播音主持专业;

今年高考的常规录取分数线是多少;

今年高考的艺考录取分数线是多少;

艺考的文化科目录取分数线是多少;

艺考的各专业科目录取分数线是多少;

女儿目前的文化科目平均分数是多少。

……

刚柔并济

准备好这些,我都有些佩服自己了,"藏器于身"的女人就是做事高效、缜密、靠谱。拿起电话,我又想起"言必行,行必果"之器——我已经答应女儿了,无论如何我都要把这件事情办成。

我和老公是分开两地生活，于是我"唰唰唰"把搜集好的信息逐条发给老公，然后取出"温柔"之器，打通了老公的电话："老公，吃晚饭了吗？有没有想我？"我拖着长腔，极尽温柔，一改平日的急躁。

"在外面吃饭呢，有什么事快说！"老公依然简单直接。

"老公，女儿一直喜欢配音，她已经自学很久了，现在想系统专业地学习，通过艺考，上一所好大学的概率会更高一些。"我定了定神，满脸笑容继续说道。

"不可以，我不同意！"老公毫不犹豫地把电话挂了。

以前遇到这种情况，我会再次打电话过去理论一番，或者大吵一架，甚至会直接把学费交了来个先斩后奏。而现在，"冲突时站在对方的角度"之器帮我解困。老公的态度在我的预料之中，他不同意是因为他对艺考有偏见，我要耐心地去沟通，也趁这个机会升级我和老公之间沟通的新程序。

晚上十点多，我再次拨通老公的电话："老公在忙什么啊？有没有想我呀？"我温柔又妩媚。

"想个屁呀！不想。"老公简单、粗俗地回我一句。

"但我很想你呀。回家吧，还是咱家的床睡着舒服！"我依旧保持着温柔性感的声音。

"还有什么事吗？"他以为我还是旧程序沟通模式。

"没有什么事了，人家就是想你了！"我迅速挂了电话。

然后我继续转变策略，发文字更不易冲突，于是我发微信给老公："老公，以前我们上学时根本不知道自己喜欢什么，为了文凭随便选个专业，进入社会后发现不喜欢就转行了。女儿能在上大学以前找到自己的优势，多难得呀！"此时，"利益思考"之器威风凛凛。

"女儿上大学的时候我们也不用为孩子的专业选择发愁了，大学毕业了直接从事自己喜欢的工作，多好啊！这是孩子自己选择的，她会更认真地学习。""把握命运"之器呐喊助威，毫不逊色。

"以前我考高中的时候，爸爸为了省钱，不让我上高中，不让学习技术，因为几百块钱就断送了我的大学之梦。错过了就再也没有机会，对此我在心里记恨了我爸一辈子！不管怎样，这次我要支持女儿学她喜欢的专业。"我又拿出"因果法则"之器，努力说服老公。

之后，我又坚持运用"百折不挠"之器，每天晚上打电话关心老公的生活与心情，只说情话，闭口不提女儿上学的事。

一天早上，我又打电话关心老公，刚提了一句女儿上艺考专业课的事，"你自己看着办吧。"老公竟然爽快地同意了！我很开心，成事的过程让我更加深爱"藏器于身"。我兴奋地把这个好消息告诉给女儿。

女儿愣了一会儿，不敢相信："爸爸居然同意了，您是怎么做到的？我太崇拜您了！妈妈，我太开心了！"女儿开怀大笑。

"这辈子我谁也不羡慕，就羡慕我们家孩子有个了不起的爸爸！"我不忘发信息给老公。

"真诚""成就"之器从未让我失望。女儿开始全力以赴学习配音专业，主动放弃了暑假的休闲时光。

"妈，我要开始减体重，为高考准备了！"过去女儿从未如此在意过她的身材，如今，她为了自己的梦想开始实施人生第一次瘦身计划。

"亲爱的女儿，妈妈相信你，祝福你梦想成真。"现在的我随身携带各种"文化之器"，"信任""祝福"之器信手拈来。

经过一系列生活事件的历练，我已经将"成功、成事"之器谱写成生活的主旋律，我可以自豪地说："我是'藏器于身'的'大女人'。"

正身

正业、正精进
——破解辍婚、辍学、辍工之困境

"**周**虹老师,好消息,小奇期末考试成绩出来了,在班上排名又提前啦!"期末考试成绩一出来,我就迫不及待地告诉了周虹老师。

"不奇怪,这就是他本来的样子,他本'具足'。"周虹老师淡定地回答。

这种事情对别人来说可能会认为这很难做到,但对周虹老师来说,这就是完全本该如此的常态。

这个辍学整整四年的孩子回学校仅仅一个半学期,成绩便恢复如初,甚至在原先基础上稳步上升,真是个奇迹啊!这些都得益于眼前这位"藏器于身"的女人,我的恩师——周虹老师。

看外表,她似与常人无异,却又非常神秘,她拥有着强人的"武器",能够瞬间洞察和揭示人心。这些"武器"看不见摸不着,是无形的"文化之器"。

让辍学孩子重返校园成为"学霸",在外人看来是一个奇迹,在周虹老师这里,只是她解决过的众多问题中的一类。

对辍学追根溯源

作为"拆迁户",我们有些优越感,在外人看来,生活很是富足、惬意,不用劳碌奔波,可以说是生活无忧。但实际上,我们在骨子里又有些匮乏,特别渴望让下一代超越自己。所以，儿子小奇从小就在我很高的期待下成长着，我尽自己所能，在他身上运用了我所掌握的所有教育方法。他也不负所望，很多方面都发展很好，给足了我这个妈妈"面子"。

我曾经有十年没有外出工作过，在家里做的都是些低价值的杂事，很大一部分时间是带着小奇上各种兴趣班。先生那段时间也没有工作，心思都放在如何投资赚大钱。小奇的哥哥在上学之外的时间也只爱"宅家"玩游戏，很少有其他活动。在小奇五年级时，大家眼里的好孩子突然辍学了，我寄予无限希望的孩子突然给了我这样的巨大打击，简直天塌了一样，我无法接受这个事实！

于是，濒临绝望的我去求助周虹老师，她详细"盘问"了我家的状况，用"追根溯源"之器让我看到了真相："你们家其实是'三辍家庭'，即辍学、辍工、辍婚。"

"孩子辍学是事实，父母没有工作也是现状，对辍婚实在是有点不理解，我觉得我们的夫妻关系还是不错的。"我解释道。

"你们没有为家庭的良性发展有过实质的交流与改变，有的只是对伴侣的深度不满意，其实很多事情都无法沟通，各有各的打算，只是还在一个屋檐下生活而已。"老师接着说，"另外，你们不用为生计奔波，一家人都不上进，孩子没有榜样，也没有力量，更没有动力去学习。"

"我们周边的人很多都是这样的啊，其他孩子也没有这样啊！"我充满疑问，不服气地说。

"只有高自尊的孩子才会用这样惨烈的方式，勇敢地站出来唤醒父母。"老师的话掷地有声。

"啊？"我惊愕地看着老师。

"只有父母努力地去做'正事'，让孩子看到希望，孩子才能转身做自己。"

"原来是这样啊！"我还有些懵懂，努力地"消化"着这个新概念。

"家庭也是一个团队，家庭中的每个成员是需要互相荣耀的。作为父母，给不到孩子精神上的支撑，孩子背后没有力量，他不知要为何努力，不知努力有何用。"老师的"荣誉"之器深深地烙在了我的心上。

"去做'正事'，做'有用'的人！"我心里烙下一个坚定的声音。

父母要有做正事、做成事的习惯。这次，我下定决心，要修文化、修福德！

此时，老师又及时戳破我理想的泡沫："如果想要孩子真正站起来，从根本解决问题，不是去改变孩子，而是父母真正持'长期主义'重器去改变。"这是周虹老师给我的第一个"文化重器"。

于是，我们一家人的改变行动开始了。

"正精进"之器

我开始承担起虹汇的一部分工作，渐渐忙碌起来，从做正事中获得了许多成就感，心情也好了不少，不再随意发脾气，晚上睡眠也好了，经常一觉到天亮。我也没有时间整天"盯"着孩子了。

用了五年时间，我从在"虹汇电台"剪辑音频开始，一步步成长为现在的部门总监，练太极、写书、剪辑课程视频……每天都是在做正事。这一路走来，收获颇多，也收获了许多"文化之器"在身。

在我不断学习之时，家人们也在变化着。先生有了稳定工作，开启了自己的事业。大儿子也在2018年参军，去部队锻炼自己。

某天早上，小奇在参加了虹汇多次特训营后，意味深长地说："妈妈，我现在有了作为总监家孩子的优越感和责任感。"那一刻，我明白老师给我的"正精进"之器发挥了效力，让孩子拥有了荣誉感。

"正业"之器

周虹老师是一个看见人的"劣根习性"时只会说真话的人，特别是对虹汇培优专家的家庭，更是如此。在一次出国家庭文化辅导之旅前，我先生被拒签了，这时，她语重心长地对我说："约一下你家先生吧！该聊一聊了，是时候了。"

那一天，周虹老师手持"诛心"之器，开始了工作。

餐桌上，听先生说了五分钟话后，老师开口了："我是一个只会说真话的人，下面说的都是我的心里话。"现在想起那时候老师使用的"诛心"之器，我还是会感到心惊胆战。

"从此刻起，你什么话都不要说了，以后，也不要在我朋友圈点评了，我不愿与你这样夸夸其谈的人交朋友。"

"你只有认真承担起做丈夫、父亲的责任，我们才有可能交朋友。因为我的朋友必须是靠谱的，是用实力脚踏实地证明自己的，不是浮于生活表面的。"

老师的话清晰而有力度。

"孩子都已经这样了，你还在吹牛，好像什么都懂。你的内心匮乏、虚弱，天天吹牛只想不劳而获一夜暴富，已经给家里造成了很大的危险，再这样下去，当真正大笔财富到来的时候，你还会破坏！幸亏你家的财富还在路上，如果你们再继续折腾，家破人亡都有可能！"

老师的"警醒"之器直击人心！

"父母碌碌无为、价值感低，只想让孩子精进，自己却不学习，不去建立家庭成员的荣誉感和价值感，你和你的家庭都是没有出路的。"

老师"刀刀见血"，砍得他体无完肤。

我当时吓坏了，老公脸色特别难看。但老师正气凛然，一反往常温文淑女风范，铁了心展现"我不入地狱谁入地狱"之势。事后，老公也是对老师记恨在心。但是老师一点也不担心，甚至信誓旦旦让我等待重大转机。

此后一段时间，我在家中不再提起周虹老师，老公却反而经常提起，恨意在他心头萦绕。看着他痛苦的表情，我拿出老师给予的"接纳"之器，不做任何解释。

半年后，老师的话应验了。他不再夸夸其谈，话越来越少，为人越来越沉稳。他不再梦想一夜暴富，去年开始创业了，每天兢兢业业、任劳任怨，不再想着投机取巧，开始持"谦卑持重"之器做事情了。

更让我震惊的是，我在家什么也没说，他竟然问我老师家的水龙头是不是该换了。于是，老师家的水龙头、门铃、花洒都被他换了，还送去了他经营的水……我知道，他做这些，只为感恩老师当初的"诛心"之器。

"正命"之器

在虹汇家庭文化辅导之旅的英国之行期间，周虹老师给我的大儿子在白金汉宫门口拍了一张照片，并专门找时间给他烙上了"国之重器"的文化铭印："阳光洒满你俊朗的脸庞，阳光帅气！看到你眉宇间的朗朗乾坤、一脸正气，我感到你特别适合在部队发展,你将来一定会有大好前途!"

不久,大儿子果然顺利参军入伍,为国效力了。

去部队后不久,周虹老师和周汶瑾老师专程为他录了视频,再次用"国之栋梁""铮铮铁骨""鹏程万里"之器,固化儿子的"雄性力量"。"正命"之器助力他在部队的光荣历程。

"正见""正定"之器

都说"但行好事,莫问前程",我想说"但行'正事',莫问前程"。我们家庭的所有成员都在"正事"上不断精进。

在我们都已把小奇辍学的事情忘了的时候,他突然开始想上学了,在我们已经把他的成绩忘了的时候,他突然成为"学霸"了。

"妈妈,我想开始学习,你教我数学吧!"很开心我的数学能力被孩子认可,有这么好的机会和孩子沟通交流,我异常珍惜,掩盖不住内心的欢喜,同时也提出了自己的问题:"我要上班,白天几乎不在家,怎么教你呢?"

"我白天在家自己学,不会的你回来教我。我已经计划好了,在下学期开学之前,我每天需要学习三页课本内容,如果不难,我就多学点。"

"计划清晰又容易成功,你果然是一个有能力的孩子。"时刻"成就"对方是我得到的又一个"法器"。

一切水到渠成,孩子顺利进入学校学习。时隔四年,他现在已经是一个高大帅气的小伙子了,因为准备充足,一进入学校,他就如鱼得水,"无缝链接",学习成绩稳步提升,期末时竟成了"学霸"。"正见"和"正定"之器已然让小奇开始学习精进,开启全新生活。

在虹汇的精英社里,他还成了我们的助教小老师,工作非常出色,"成就他人"之心彰显,师者荣誉感油然而生。

"小奇,妈妈很感谢这几年的时光,它把那些不属于你的那些负担都沉淀了下去,这样你可以更好地面对未来的生活。"

"是的,妈妈,我也很感谢我的这段经历,这是别人都没有的。现在我很满足。也很感谢妈妈,你在虹汇的做'正事',让我有了力量,也帮助我交到了很多好朋友。"

在一家人不断忙"正事"的时候,"留白"之器发挥了作用。

在陪伴孩子渡过这段"特殊"经历的时间里,"相信""留白""成就"这些"法器"起到了巨大的作用,我也逐渐成为一个"藏器于身"的女人了。

"正思维""正语""正念""正精进""正业""正命""正见""正定"等,也已被我收入了我的"文化库",并成为我们家的生活常态,在成为"文化熏习之家"的路上,全家人共同努力着。

在经历 2021 年 7 月 20 日那场特大暴雨时,为了保障生命安全,我和团队伙伴留在虹汇会所为今年的新书奋笔疾书,家里被男人们照顾得很好。先生在单位、父母家、我们的小家三边跑;孩子在没电没网的状态下安静看书、写作业。全家再次相聚时,我们及时总结了这次经历的收获和以后要调整的方向。

作为虹汇的培优专家,在多年工作中,我收纳了"福流之态""储存善业""吉祥经""知足""静水深流""革故鼎新"之器,用它们为自己、为徒弟以及很多的朋友解决问题,已然是个"藏器于身"的专家了。成就我们幸福、健康、富足的神奇力量,就来自那些看不见的"文化之器"。

文脉 家道

家庭成员合理分工

——孩子为何总是"撒泼"

已近不惑之年的我面临最大的人生痛苦:我和二宝竟然无法沟通,加上婆媳之间冲突不断,不知该如何相处,我对生活倍感无力。

"行行行,看着电视吃饭,我的乖孙子,吃吧。"已经七岁的二宝看着动画片,婆婆一手拿勺,一手端碗,喂着"小婴儿"二宝吃饭。

"妈,别喂了,说了多少次了,您怎么就是不听呢?二宝,自己吃!别看电视了!"我严厉地说。

"妈妈不好,奶奶好……"二宝瞪大眼睛冲我大喊大叫。

"哎呀!咱不听她的,我的乖孙子,奶奶的小心肝。"婆婆抱着二宝又搂又亲。

我无奈、无助、痛苦地看着这一切,无法改变。家,令我窒息……

二宝出生后,是婆婆把他一天天带大,而我把精力都放在了学校的工作上。随着二宝年龄的增长,常常因为他吃饭等习惯问题,一家人发生争执,尤其是我和婆婆之间,养育孩子的理念、方式、方法,差别太大。看着二宝一天天长大,却与我越来越疏远、毛病越来越多,我内心极其痛苦,对二宝和婆婆的嫌弃、对抗越积越深,矛盾一触即发。

虹汇传授人们家庭幸福文化,这些无形的"文化之器",让我看到了痛苦的根源:这一切都与婆婆关系不大,而是我的责任。我对家庭没有承担,没有尽到一个妈妈的职责，我把一切都推给别人，自己坐享其成，还整天怨天尤人，抱怨指责……随着不断地发现自己的不良习性，从内发掘、努力成长，我成了一个"藏器于身"的女人，勇敢地选择"变道"。如今，我的生活不一样了。

"看见"之器显现出婆婆的承担。

静下心来，我认真思考，我才看到婆婆真的很不容易。今年七十多岁了，却包揽全家人的一日三餐和所有家务，而我下班后家务活基本上不参与，家里的大小事情都是婆婆在操心。我没有为婆婆做过什么，还经常抱怨、指责她。

我要为婆婆做些事情来"赎罪"，改善我们之间的关系。

"妈，我给您用中草药泡了洗脚水，您小腿总是浮肿，朋友说这个可管用了，我来给您揉揉。"我把洗脚盆放到婆婆脚旁边。

婆婆有些受宠若惊，连连摆手："不用、不用，我自己洗，等我老了，动不了你再给我洗。"

"妈，这么多年，您真的很辛苦，就让我给您洗个脚吧！"我愧疚地说。

婆婆脚底有厚厚的茧子，脚后跟也裂开了一个大口子。生活在一起这么多年，我从未触碰过婆婆的身体，现在看着婆婆的脚，我心里特别难受，动作也格外地温柔。婆婆没有再说什么，安心地享受着这一刻，我却边洗边泪流满面。

随后，我拿出"承担责任"之器。

"妈，今天我来做饭，您去看电视吧。"我一边整理蔬菜和肉类，一边对婆婆说。

"你做饭？不用帮忙？"婆婆有点疑惑地问。

"是的，我做饭，不用帮忙！"我肯定地说。

婆婆说："好，我有口福了。"

接下来的日子里，我尽自己所能，下班之后多承担家里的家务，让婆婆多休息，多出去转转，婆婆脸上的笑容也多了起来。家里的氛围越来越轻松了，我和婆婆的关系也有了很大程度的缓解。接着，我使出"赞美"之器："妈，周虹老师和专家们说，您包的粽子真好吃，有小时候的味道，每个人都赞不绝口。"我拿着婆婆包的粽子边吃边说。

"喜欢吃，明天我再包，你再给她们送去。"婆婆认真起来。

"妈，她们都夸您厨艺好，特别羡慕我有您这么好的婆婆。"我得意地依靠在婆婆的肩膀上。真的很惭愧，过去，我从没有把"成就""赞美"之器用在婆婆身上过，这样做了之后，首先受益的是我自己。

参加完虹汇的"孝义天下之感恩父母"活动后，全家人在一起吃饭，饭后，我真诚地邀请婆婆坐在"贵位"上，拿出"感恩"之器："妈，这些年辛苦您了，二宝基本上都是您一个人带，把孩子养得身体健康，谢谢您！我给您磕个头。"说完，我跪在了婆婆面前，磕了个响头。

"快起来、快起来。"婆婆连声说。

磕完头，我拿出特意给婆婆买的价格昂贵的玉镯。

"妈，一日三餐，各种家务活，都是您在操心，感恩您一直以来为这个家的付出，这个玉镯送给您！"

"这一定很贵吧？"婆婆心疼地说。

"不贵，可便宜，二百元钱，戴吧。"知道老人都心疼钱，我故意把价格说得很低。

婆婆开心地摸着玉镯说："好，我戴、我戴，真好看，我一辈子都没戴过这么好看的手镯！"

一个安静的午后，家里只有我和婆婆两人，我顺势而为使出了"忏悔"之器："妈，以前是我不懂事，老惹您生气，我不是个好儿媳，对不起！"我真诚地给婆婆道歉。

"没事、没事，都过去了。"婆婆赶紧说。

"妈，对不起！您每天做饭这么辛苦，我却嫌您做的饭不合口味；您收拾家，我却嫌您打扫卫生不干净；因二宝吃饭的问题，我总是埋怨您……"我把对婆婆的愧疚全部都说了出来，感觉自己以前真的很过分！

婆婆的眼眶都湿润了，她这些年的苦、不容易，终于被我看见了，有人理解她了，她的内心也柔软了下来。

"我也有做得不好的地方，以后二宝吃饭，我不管了，你是他妈，你能管好孩子，我管好我自己就行了。"婆婆竟然说出这样的承诺，让我更加羞愧。

"妈，我知道您也是为了二宝好，想让他多吃点，是我说话不好听，对不起……"

我俩都慢慢放下了对抗,彼此敞开了心门。

随着我和婆婆和解,家里的气氛越来越融洽,我和家人进行了家庭分工并达成一致,以后二宝吃饭的事情,婆婆不再插手,孩子教育的事情由我全权负责,任何人不再干涉。

"我现在就想去买拼装玩具嘛,你给我买,给我买……"二宝一边躺在地板上撒泼,一边看着我婆婆。

"哦,妈妈知道了。"我看着他,耐心地回应。

婆婆看着二宝,想起身管孩子,但站起来又坐下去了。

"你不给我买玩具,我就是不吃饭!"二宝像往常一样。

"嗯。"我平静地回应着。

我温柔地看着二宝,拿出"允许""接纳""宽容"之器,非常耐心地看着他在那里闹……"宝宝,来,妈妈抱抱。"看他闹得差不多了,我蹲下来,伸开双臂。

二宝哼哼唧唧不太情愿地走到我面前,刚开始他还抗拒着,不一会儿就平静了下来。

"妈妈知道二宝是个好孩子,是个说话算话的好孩子,我们已经说好了,今天不买玩具,对不对?"我温柔地说。

二宝很不情愿地点了点头。

"现在妈妈饿了,我要去吃饭,你要不要和我一起?"我温柔地看着他。

二宝迟疑了一会儿:"嗯嗯!"起身拉着我走向餐桌,安安静静地开始吃饭。

……

以前婆婆带二宝时,对于想要的东西,只要二宝一撒泼,婆婆马上就满足,再加上我这个妈妈一直"不在位",没有承担起养育孩子的责任,所以这几年来,二宝养成了很多不良习惯。自从我们家进行分工之后,我承担起妈妈应有的责任,运用虹汇家庭幸福文化,不断运用"酬赏""赞美"之器,一点点把孩子的不良习惯纠正了过来。如今的二宝,行为习惯良性运转,我俩的沟通越来越顺畅,关系越来越亲密。责任承担让我更有信心经营好我的家庭。

如今,我的两性关系、亲子关系和婆媳关系都十分和谐,我感觉生活变得很容易、很轻松，每天都有很多开心的事，我的家正走在成功、健康、幸福的大道上！

家，好温馨！

运用无形"文化之器"简直让我上了瘾！

我是学校的一名中层领导，"文化之器"在工作中被我灵活应用，积极影响着我的工作效果，同事关系、师生关系、与家长的关系都变得更加和谐。我还通过"器"帮助身边的人解决了很多问题。

我们全家人都是"文化之器"的受益者。"无形决定有形""多元文化""孝义天下""施与受的平衡""变道""酬赏""共生""多赢""慈悲""父母恩爱是家里的定海神针""多维度"……这些无形的文化根植于我的内心。未来，它们会引领我帮助更多需要帮助的人！